U0002196

植物
日記簿

黃仕傑 著

目 錄

重拾對植物的感受力

楊智凱

國立屏東科技大學森林系 助理教授

憶起

那微微泛黃的歲月日記，我與仕傑初識緣自 2014 年的一場工作坊，那是由中央研究院邵廣昭研究員所主持的臺灣生命大百科（Taiwan Encyclopedia of Life）應用與推廣工作坊，其目的是使社會大眾了解生命大百科平台的使用，鼓勵並推廣國內專家學者及業餘愛好者共同協作分享生物多樣性相關資訊。當天，大會安排了三場講座，有厲害的林旭宏老師分享「慕光之城談公眾參與」，而我來聊聊「流行植物學——音樂中的植物」，壓軸的就是仕傑「拉賽的糞金龜」。當主持人介紹仕傑出場，我已覺得他不是簡單人物，聽完演講後，更對仕傑豎起大拇指，他為了尋找糞金龜，貢獻出個人的「黃金」，還發現因為他的「產出」氣味異於常人，只要擺放他排遺的樣區，就相當順利地採集到目標物種。工作坊結束，我與仕傑成為生態熱血路上的好朋友，一起推廣生物多樣性樂趣給更多人。後來，只要他出書，我就收到他寄來大作：《帶著孩子玩自然》、《昆蟲臉書》、《昆蟲上菜》、《好家在森林》、《甲蟲日記簿》、《鍬甲蟲日記簿》、《自然老師沒教的事 5：螳螂的私密生活》等，書裡處處是他熱切的心，那積極想把自然觀察心得分享給所有人的熱切。

今年 2 月，阿傑傳了訊息給我，說他即將出版第一本植物書《植物日記簿》，邀請我來審訂。若有注意過阿傑的著作，一定會在後記中發現他交友的廣闊，那是他長期在自然觀察的路上，以好奇的心與謙卑的態度積累而來。阿傑待我也是相同，與他漸漸熟稔的這些年，他始終不吝與我分享，因此接到審訂邀約，我義不容辭馬上答應了。沒多久收到書稿，我立刻翻閱起來，驚呼道：「啊，真是糟糕了！」書裡每個主題內容都讓人欲罷不能，從大王花、泰坦魔芋、雅美萬代蘭、蟻巢玉、豬籠草到鹿角蕨，透過阿傑的文字，輕易地勾勒出每種植物的鮮活樣貌，還有他傳遞歷經千辛萬苦一睹精彩植物的那份喜悅，讓我讀著書稿的同時也感同身受。懷有對大自然的熱情是每個人與生俱來能力，但往往在成長過程中遺失了，而仕傑的這本書除了蘊藏滿滿的第一手觀察筆記與體驗外，讀者也能藉此重拾與植物的連結，是阿傑附贈給讀者的大禮。您準備好了嗎？現在就翻開內文細細地品味這滿腔熱血的《植物日記簿》吧。

起點

1

南美洲真正沒有開發破壞的森林，充滿一種無法言喻的魅力中（秘魯 東塔馬）

尚未被開發的東南亞山區常可看到美麗的蝴蝶鹿角蕨（*Platycerium wallichii* Hook. f.），展現優雅的氣質。（泰國　清邁）

我想觀察植物

每個人對植物有興趣的起點不同，雖然每天都跟不同植物或其產製品接觸，或許知道名稱與用法，但其他部分卻一無所知！真正想開始愛好或了解植物，想知道更多相關知識，就要以觀察植物為起點，重要的是先知道自己想要探索什麼。

首先，若想單純想看看植物、欣賞它的美，建議可從居家環境開始，社區樓下或公園花圃是很好的標的，多半能見到木本、草本、觀葉及觀花的植物。大部分是園藝品種，會有固定維護的廠商來修剪、更換植栽。

想要更進一步認識植物，前往郊山步道能得到更多樣的觀察。初期可從植物的外觀開始，例如不同植物的葉子形狀或花朵的顏色形狀。某些步道、公園或社區會做植物解說牌，可以很快知道種類與相關資訊。簡易的觀察方式是自己帶著手機、相機拍攝紀錄，再比對圖鑑或參加臉書植物社團，即可快速得到答案。若還想要認識更多，許多社區大學開設植物課程，包含室內學習、戶外田野調查，可快速累積對植物的知識。

什麼是種？什麼是品種？

種（species）與品種（cultivar）常有人分不清楚，事實上這兩個名詞代表的含意完全不同。

就生物學來說，「種」指的是自然演化或種類分化產生的物種，而「品種」只能用在人類選育馴化的動植物。例如，經過交配育種的紅貴賓、黑貴賓，還有數十年前紅極一時的達摩蘭花、花市常見白蝴蝶蘭。

至於像是獅子、老虎、西蕾莉蝴蝶蘭、維奇豬籠草，就是原生的種。以鹿角蕨為例，十八種原生鹿角蕨是「種」，如非洲猴腦鹿角蕨、皇冠鹿角蕨、爪哇鹿角蕨；白霍克、飛馬、雷電則是人工交配選育的「品種」。

1　樹冠頂層的積水鳳梨形成特定生物棲息繁殖的環境，萬一森林遭到開發破壞，許多生物將喪失棲地，更可能就此滅絕。（**秘魯 薩蒂波**）

2　樹幹、苔蘚、蘭科植物、積水鳳梨、支狀松蘿，相呼應的畫面只有在完整的森林中才能看到。（**秘魯 東喀馬**）

3　原生蘭的魅力無遠弗屆，尤其是花型特殊的拖鞋蘭（*Paphiopedilum dayanum*（Rchb. f.）Pfitzer），連小孩都被吸引靠近觀察！（**馬來西亞 沙巴**）

4　一望無盡的茂密雨林，樹幹上都是滿滿的附生植物。（**秘魯 薩蒂波**）

5 鹿角蕨垂墜飄逸的氣質吸引許多愛好者。（**北台大蘭園**）

6 捲捲鹿的孢子葉（手）長出成熟孢子後，超級捲曲的外觀是獨家特有！

7 森林中附生在樹幹上的槭葉石葦（*Pyrrosia polydactylos*（Hance）Ching）生氣蓬勃。（**台灣 尖石鄉**）

8 野生的蝴蝶鹿角蕨在生長季展現出蝴蝶的美麗姿態。（**泰國 清邁**）

9 美麗的霧林帶森林樣貌。（**台灣 秀林鄉**）

植物大觀園

2

近拍小毛氈苔葉子上的腺毛黏液，每一顆都像珍珠般美麗。（台灣 宜蘭縣）

與盛開的大王花（*Rafflesia cantleyi* Solms）花朵合照，可明顯看出比例。（馬來西亞 霧邊）

地表直徑最大的花朵：大王花

Rafflesia spp.

　　每次在演講場合問起大王花，無論年紀大小的聽眾都會直接回答「好臭」，表現出彷彿聞到惡臭的表情。但問到誰真正在產地聞過大王花的味道時，現場幾乎沒人舉手。如果大家都沒有真正看過大王花，為什麼會知道是臭的呢？究其原因是被刻板印象與不夠嚴謹的資訊引導。小學時知道東南亞雨林有這種特別的植物，便打定主意，將來有機會一定要親自聞聞看，傳聞中的腐肉臭味到底有多臭！

　　萊佛士花俗稱大王花，世界已知並發表的種類有 20 多種。主要分布於東南亞，菲律賓、馬來半島、婆羅洲、蘇門答臘，各有不同的種類。目前最大種類在蘇門答臘，花徑超過 1 公尺；最小的產在菲律賓，花徑小於 30 公分。大王花全株無莖葉，不行光合作用，依靠吸收寄主養分維生，為全寄生的植物，僅有花期可見。大王花的花苞在寄主植物木質莖上冒出頭後，會展開長達 300 天左右的發育期，期間只要受到外力破壞，就會消苞，等蓄積足夠的能量後重來，若順利從花瓣打開到凋謝，花期約七天。

　　首見大王花是在 2009 年，當時懷著朝聖的心情，與一群好友前往世界第三大島，有亞洲肺葉之稱的婆羅洲，第一站是加丁山國家公園（Gunung Gading National Parks）。路程中聽在地嚮導余大哥描述大王花盛開的模樣，想到終於要跟傳說中的物種見面，內心忐忑不安。進入園區後，隨之而來是一連串的失望，因為花期不好掌控，當日僅看到大小不一的花苞，其中較令人驚豔的是發育約六至八個月的花苞，外觀如同染黑的高麗菜，讓人印象深刻。

　　隔年在馬來半島的金馬崙高原（Cameron Highlands），在地朋友詢問靠近吉蘭丹的地苗族保護區，確認區內的大王花正盛開，便委由業者安排行程，隔天清晨與多國旅客一同乘車前往。由原住民嚮導帶領進入森林，行走於茂密植物間的蜿蜒小路，突然前方一陣騷動，林道邊有朵鮮紅的花，只是這朵大的有點難以形容，和書上描述、照片所見完全一樣——這是活生生、正值花期的大王花呀！大家輪流向前拍照，輪到我時，嚮導示意不能太靠近，但我舉起手，指向鼻子用力吸氣，再將手指一指大王花，嚮導與其他遊客露出不可置信的表情。在嚮導同意與引導下，我側身蹲在花邊，右手撐著身體，將頭埋進花裡，眼角餘光還能看到眾人驚嚇的表情。這一刻已經期待數十年，心理與生理都已做足準備，瞬間使盡力氣深呼吸，期待那傳說中的惡臭灌入鼻腔深入我的肺，

連續吸了幾次，奇怪！這不是市場豬肉攤的腥味嗎？怎麼一點臭味都沒有？還在疑惑的同時，已經與大家緩步回到入口處。

之後幾年陸續探訪不同種類的大王花，直到 2014 年才在馬來半島的霧邊，聞到令人印象深刻的臭味，原來想聞到這股濃烈的氣味沒那麼容易，要在開花的第二或第三天，太陽下山的黃昏時刻，越晚味道越重。這時花朵飄出惡臭，吸引大量傍晚活動的蟲媒，待花朵成功授粉後，便不再發出濃烈的氣味吸引蟲媒。老實說，目前個人聞過的大王花，真的沒有臭到無法接受的程度，一直讓人感到失望。

這也是大部分人較少聞到大王花濃厚氣味的原因。多數國家公園與保護區，都是遵循正常上下班時間，遊客必須在天黑前離開園區，就算是住在園區中，如果沒有嚮導或居民帶領，一般民眾很少會走進森林；加上遊客很難預測大王花的花期，想聞到那股傳說中的氣味，更是難上加難！

1　盛開的大王花（*Rafflesia kerrii* Meijer）在幽暗的森林中展現華麗的姿態。（**馬來西亞　吉蘭丹**）
2　大王花（*Rafflesia cantleyi* Solms）的側面非常立體，可看到花朵基部的寄主植物。（**馬來西亞　霧邊**）
3　大王花（*Rafflesia cantleyi* Solms）約九個月左右的花苞，已經可以看出花瓣的形狀。（**馬來西亞　霧邊**）

正值盛開的大王花（*Rafflesia cantleyi* Solms），傍晚時分裡散出濃烈的臭味。（馬來西亞，雪蘭）

4　大王花（*Rafflesia cantleyi* Solms）盛開後的第五天，雖然花型還沒變化，但已經開始腐壞。（馬來西亞 霧邊）

5　寄主植物懸空的莖冒出大王花（*Rafflesia cantleyi* Solms）的花苞。（馬來西亞 吉蘭丹）

6　目前已知世界最小的大王花（*Rafflesia consueloae* Galindon, Ong & Fernando），花徑不到10公分，產於菲律賓。（菲律賓·攝影者 莊貴竣先生）

7　大王花（*Rafflesia kerrii* Meijer）雌蕊似插花用的「劍山」。
8　被吸引靠近的雙翅目昆蟲。
9　盛開的凱氏大王花（*Rafflesia keithii* Meijer）旁，有一顆約六個月的花苞準備接力。（**馬來西亞 沙巴**）

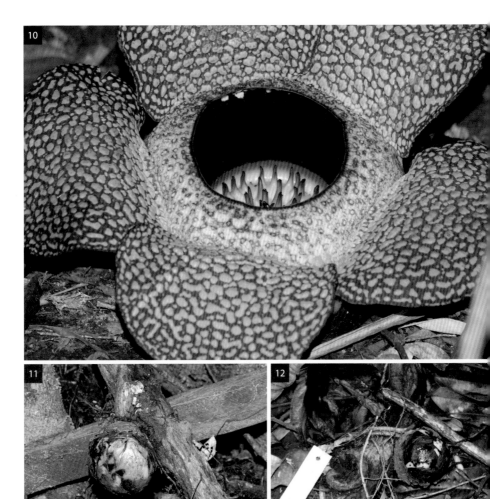

10 盛開的凱氏大王花花型，如同恐怖片中張開血盆大口的魔王！（馬來西亞 沙巴）
11 不到拳頭大的凱氏大王花花苞，呈現嬌嫩的粉色。（馬來西亞 沙巴）
12 剛冒出不久的凱氏大王花花苞，研究人員綁上標示資料，避免被踩到。（馬來西亞 沙巴）
13 任何一種大王花，都需要好的環境，若森林被砍伐開發，就再也無法看到這些珍奇植物。
14 當地人靠大王花吸引觀光客，會將有花苞的地方圍起，避免遊客誤入。（馬來西亞 沙巴）
15 大王花的寄主植物「葡萄科崖爬藤屬植物」（*Tetrastigma*）的葉子。（馬來西亞 沙巴）
16 好的生態資源，吸引世界各地觀光客創造地方經濟。

身高 175 公分的男性站在花旁是最佳的比例尺。（印尼 蘇門答臘．照片提供者 游崇瑋先生）

地表最強大的單花序：泰坦魔芋*

Amorphophallus titanum (Becc.) Becc. ex Arcang.

　　關於魔芋這類植物，大眾較為熟知的是養生、高纖食材，因為特定幾種魔芋塊莖是製作蒟蒻的原料。對植物有概念的朋友，便知道魔芋是開花時會散發惡臭的植物。

　　台灣有四種魔芋，花期集中在 4 至 6 月，其中開花時花梗可高達 180 公分的密毛魔芋（*Amorphophallus hirtus* N.E. Br.），還有雷公槍（取其外型）的俗稱。不同種類的魔芋，開花時吸引蟲媒的臭味也不盡相同，密毛魔芋是死老鼠的臭味、台灣魔芋（*Amorphophallus henryi* N.E. Br.）是狗大便的臭味、疣柄魔芋（*Amorphophallus paeoniifolius* (Dennst.) Nicolson）是海鮮悶壞的臭味；還有一種東亞魔芋（*Amorphophallus kiusianus* (Makino) Makino），因為還沒有機會遇到開花株，所以不清楚確切的氣味，根據好友的形容，與其他魔芋不遑多讓。附帶一提，個人認為和大王花的氣味相較之下，魔芋應該更有資格稱為屍花。

　　每年 5、6 月跑野外田野調查，常與正值花期的魔芋不期而遇，每次都自虐般地靠近佛焰苞，「享受」不同魔芋的氣味。聞過幾次後發現，因為時間不同，氣味濃淡也有差異。舉疣柄魔芋來說，上午與下午必須靠近佛焰苞才能聞到氣味；但在太陽下山後至夜晚，僅距離幾步外的地方就能聞到濃濃的氣味，而且這時佛焰苞中有滿滿的授粉昆蟲鑽動。後來閱讀研究魔芋的論文才知道，魔芋開花吸引蟲媒的機制相當有智慧！研究單位利用熱顯像攝影機拍攝魔芋開花不同時間的變化，發現白天時因為溫度較高，植物體的溫度與環境溫度相仿，傍晚太陽下山後，環境溫度下降，此時可以清楚地從熱顯像攝影機中看到，植物體呈現紅色，代表魔芋的溫度高於環境溫度。研究論文中紀錄，魔芋開花時必須將植物體加溫使氣味傳遞出去，日間高溫必須消耗更多能量，才能使植物體溫度比環境高，達成散發氣味的效果。如果在傍晚溫度下降後再加溫，則可節省許多能量，吸引更多的蟲媒前來協助授粉。目前觀察到的蟲媒除了白天會出現的蒼蠅外，更多的是糞金龜、浮金龜、埋葬蟲，而這類甲蟲活動的時間多在太陽下山後趨近高峰。

　　魔芋的授粉機制不只這樣，還有一個特別的功能。正值花期在尚未授粉成功

*泰坦魔芋為熱帶雨林物種，種植地的環境氣候，應該是影響植物成長與花期時間的重要因素。

前，佛焰苞內緣絨毛呈現順向朝下的狀態，可讓花苞中的蟲媒無法爬出，待授粉後，花苞內緣絨毛則改變方向，蟲媒便可以順利地爬出去。

　　世界上的魔芋屬目前約有 100 多種，其中最大種類是產在印尼蘇門答臘的泰坦魔芋，又稱為巨花魔芋。泰坦魔芋的花是世界最高的花，可以超過 3 公尺，也是世界最大的不分支花序，加上開花時的極致臭味，讓我將它選定為一定要親自觀察的物種之一，但每年的花期都無法確認開花與否，所以到目前為止尚無法成行。台灣最容易看到泰坦魔芋的地方是台中國立自然科學博物館，位於一樓的常設展區，有大王花與泰坦魔芋的擬真模型。每每站在展示窗前，都會冥想自己身處雨林，看著因氣味吸引的蟲媒來來去去。2019 年 6 月，好友游崇瑋（四海游龍）前往蘇門答臘島探點，成功在泰坦魔芋的花期與巨大的花序合照，這應該是台灣第一位在自然環境拍攝正值花期的生態照。個人除了充滿羨慕之外，本來約好 2020 年 6 月一同前往，但年底全球遭遇新冠肺炎疫情，無法出國的鬱悶可想而知！

　　但冥冥之中自有安排，沒想到在台灣也能紀錄這珍貴的一刻。

　　世界珍稀植物的收集殿堂「愛丁堡皇家植物園」蒐集的泰坦魔芋，種植十二年後在 2015 年 5 月首度開花，這也是全世界人工種植本種一次開花的紀錄，第二次開花則是 2017 年 8 月。2020 年 7 月初，主持的實境節目正如火如荼地出外景時，好友黃國源先生臉書跳出一則貼文，看到後頓時熱血沸騰——他種植的泰坦魔芋僅七年就冒出花梗，比愛丁堡皇家植物園足足快了五年。當下立馬厚顏寫訊息表明希望拍攝的意圖，國源兄也爽快答應，從貼文日確定花苞到花朵盛開僅僅兩週，可惜最後開花時刻，我正前往南湖大山旅程，無法在現場感受花期盛況與氣味，但也為日後前往印尼蘇門答臘島觀察泰坦魔芋增加更多期待。

1　豔麗的佛焰苞與一柱擎天的附屬器，在魚眼鏡頭下更顯巨大。（印尼 蘇門答臘‧攝影者 游崇瑋先生）
2　當年沒開花的泰坦魔芋直接長出葉子。（印尼 蘇門答臘‧攝影者 游崇瑋先生）
3　附屬器的外觀奇特。（印尼 蘇門答臘‧攝影者 游崇瑋先生）

泰坦魔芋的花為世界最大的不分支花序，同時也是世界最高的花。（印尼 蘇門答臘，攝影者 游崇瑋先生）

4　透光下宛若華麗禮服裙襬的佛焰苞。（印尼 蘇門答臘．攝影者 游崇瑋先生）
5　魔芋的果實。
6　葉子紋路為淺淺的粉紅色，是具有觀葉價值的小型魔芋（*Amorphophallus pendulus*）。（馬來西亞 砂勞越）
7　台灣的泰坦魔芋開花前，栽培者黃國源先生將各種雨林植物布置於周遭。（花草空間農場）
8　僅栽培七年就開出美麗花朵的泰坦魔芋。（花草空間農場）

9　檳榔園中盛開的疣柄魔芋，旁邊則是準備抽出新葉。（台灣　屏東縣）
10　晚上的疣柄魔芋非常熱鬧，整群埋金龜在花序上活動。（印尼　佛羅倫斯島）
11　別稱雷公槍的密毛魔芋，在廣角鏡頭下顯得特別高大。（台灣　高雄市）
12　花朵如火焰般鮮豔的台灣魔芋，刺鼻的惡臭讓人不敢恭維。（台灣　高雄市）

13 密毛魔芋的附屬器上長滿細毛因而得名。（台灣 高雄市 · 攝影者 鍾志俊先生）
14 密毛魔芋雄花的花粉特寫。（台灣 嘉義縣）
15 密毛魔芋的佛焰苞中發現糞金龜。（台灣 嘉義縣）

巴里奧民宿門口的巨蘭（*Grammatophyllum speciosum*），因為太過巨大，乍看之下完全沒意識到是蘭花。（馬來西亞 砂勞越）

※有的植物不行光合作用，它們寄生於真菌，依靠真菌取得需要的養分，稱為「真菌異營」，腐生為通俗的說法。

不可思議之大：華麗巨蘭

Grammatophyllum speciosum

　　對於原生蘭的愛好，始於好友送的一棵「只有一段莖與兩片葉子」的蘭花，這樣會活嗎？充滿狐疑的我帶回家後，開啟近二十年對植物的愛好與紀錄。

　　關於蘭科植物觀察，個人分成三大類：分別是地生、附生、腐生*，當年拿到的一莖兩葉就是一種附生蘭。附生蘭的種類是我最愛收集與栽培的對象，它們通常附著在樹幹或石頭上，利用根系牢牢抓住物體表面，依靠下雨帶來的養分與溼度維生。原以為這類蘭花最大不過像台灣的豹紋蘭（*Trichoglottis ionosma* var. *luchuensis*（Rolfe）S.S.Ying），因環境許可，經年累月叢生變成無數株超過 10 公斤巨物，直到踏上世界第三大島婆羅洲，才驚覺附生蘭竟然可以如此巨大，這也證明到世界各地旅行是增廣見聞最好的方式。

　　從台灣到婆羅洲的沙巴，沙巴到砂勞越，再由砂勞越飛往巴里奧，這一番轉機已將自己搞得暈頭轉向，但前往民宿後，被眼前美麗的森林景色吸引，將行囊放進房間後，迫不及待地拿著相機出門。民宿門口有一棵巨大的植物，由數十根高達 3 公尺的樹枝組成；植株在我看來，像細長的甘蔗，每個莖節都相當明顯，雖然植株姿態特別，但並非吸引我的蘭科植物。未多作停留便與夥伴們衝進雨林，找到重要的目標物種後，大家放緩腳步，開始喝水吃行動糧。這時在地嚮導余大哥指著樹幹上的植物說：「那就是巨蘭。」一聽到與蘭花有關，馬上集中注意力往大哥手指的方向尋去。那是棵很特別的植物，看的出來它附生在樹幹上，偌大的根團只有一根，大約 2 公尺長，還算粗壯的莖挺立著，莖的末端有幾片新葉，但因為太遠，只能拍幾張紀錄。大哥看我拿著相機拍攝，對我說：「巨蘭是世界最大、最重的蘭花，能夠長得非常巨大，而且重量可以超過 1 噸喔！」有時候被附生的樹因為生病或遭遇天災，就直接被巨蘭壓垮。此時腦中正在梳理資料，1 噸是 1000 公斤，有的大型蘭花多年叢生後也不過幾公斤，更遑論那些個人喜愛的迷你原生蘭了。超過 1 噸重的蘭花到底是什麼概念？何況那還是附生在樹上的種類。

　　回到民宿後發現，門口的那棵龐然巨物似乎有花，而且不像禾本科植物的花朵，靠近拍照時才驚覺這也是一種蘭花。這時余大哥走過來說道，這棵就是巨蘭，民宿老闆跟在旁邊附和：「當時這棵巨蘭因樹幹承受不住掉下來，所以拖回民宿種植。」老實說若不是親眼所見，真的很難相信有這般巨大的蘭花種類。

1　正值花期的巨蘭，抽出許多花梗。（馬來西亞 砂勞越）
2　巨蘭的幼株附生在好幾公尺高的樹幹上。（馬來西亞 砂勞越）
3　巨蘭盛開的花朵在逆光狀態下頗像群飛的蛾類。（馬來西亞 砂勞越）
4　近拍時可聞到巨蘭淡淡的氣味，也能看清花瓣黃色的斑紋。（馬來西亞 砂勞越）
5　清楚看到蘭花的花朵結構：三萼片、兩側瓣、一蕊柱、一唇瓣。（馬來西亞 砂勞越）
6　附生於樹幹正值花期的蘭花，應該是萬代蘭屬（*Vanda helvola.*）的種類。（馬來西亞 砂勞越）
7　附生在樹幹上的豆蘭（*Bulbophyllum sp.*），葉背躲一隻竹節蟲。（馬來西亞 砂勞越）

8　金草蘭（*Dendrobium aurantiacum*）的花期在初夏，金黃的花朵散發出濃厚的蜂蜜香味。（台灣 桃園市）

9　盛開中的豆蘭，花型花色都相當吸引人注意。（馬來西亞 砂勞越）

10　叢生重量超過 10 公斤以上的金草蘭。（台灣 桃園市）

狀態良好的森林，樹幹上容易發現附生植物，例如植株細小如苔蘚的蘭花。（馬來西亞 沙巴）

世界最小的蘭花

Appendicula sp.

　　東南亞雨林旅遊是觀察蘭花非常棒的方式。隨意行走路旁，都可以在樹幹發現蘭花，若走進森林中，你會訝異蘭花的多樣性怎會如此豐富？看過世界最大、最重的巨蘭後，我就開始思考最小的蘭花到底有多小？其實在台灣看過很多迷你的蘭花，例如假球莖非常小的紅心豆蘭（*Bulbophyllum rubrolabellum T.P. Lin*），不到 1 公分的假球莖埋在樹皮的苔蘚中；還有外觀像伏石蕨的狹萼豆蘭（*Bulbophyllum drymoglossum Maxim. ex Ôkubo*）；或是植株外觀如扇形，花朵不到 1 公釐的二裂唇莪白蘭（*Oberonia caulescens Lindl. ex Wall*）。這些蘭花植株都非常袖珍，若不是因為花期，幾乎沒有人可以認出是蘭花。

　　幾年前在臉書上看到有人貼出國外拍攝的旅遊照，其中幾張植物生態照標示為蕨類，將照片放大仔細觀看，植株是細長的葉梗，葉梗左右兩側是小小的葉子，生長在高溼環境中的石頭上，這與我 2010 年在神山國家公園的植物園拍攝的蘭花非常相似，當下馬上把硬碟的資料找出來，一經比對，果然猜想的沒錯！那植物不是蕨類而是蘭花的一種，而且是目前世界上已知的蘭花極小型的種類之一。

　　其實也不是一開始就知道這是蘭花的一種，因為首次看到本種植物，也是因它的外觀姿態與蕨類非常相似，而料想是蕨類的一種。依照個人習慣，拍攝時以帶景生態照為主，其後再紀錄各部位特徵，由於植株小，要相當靠近才能拍到特寫，才發現植株上有小白花，原以為是其他植物掉落的花朵，但透過鏡頭發現花與這棵植物相連，當時心想蕨類怎麼可能會開花？馬上拍攝花朵並將照片放大確認，依照蘭科花朵特徵：三萼片、兩側瓣、一唇瓣、一蕊柱，的確是蘭花的特徵。重新認識這株植物後，才想起 2009 年在砂勞越與加里曼丹邊境也拍過類似的種類。這類蘭花通常出現在明亮且溼度高的環境，例如溪流邊的岩石、靠近樹幹的根部，旁邊長滿綠色苔蘚，看起來就像大自然的畫作，值得在旁靜靜欣賞。

1　將植株放大觀察，一般大眾（包含我在內）也曾將它誤認為是蕨類。（**馬來西亞 沙巴**）

2　因環境溼度穩定，與苔蘚附生在其他植物葉片上。（**馬來西亞 沙巴**）

3　另一種非常迷你的蘭花（Orchidaceae），不開花的時候，常被誤認為蕨類。（**馬來西亞 砂勞越**）

4　透過超微距離影攝影裝備，才能將不到 2 釐米的花朵拍得清楚。（**馬來西亞 沙巴**）

5　放大拍攝發現「花朵雖小，五臟
　　俱全」。（秘魯 東喀馬）
6　植株高度不到 3 公分的附生蘭，
　　花朵不到 2 釐米。（秘魯 東喀馬）
7　正值花期的另一種迷你附生蘭。
　　（秘魯 東喀馬）
8　外型特殊的迷你附生蘭，花朵一
　　樣不到 2 釐米。（秘魯 東喀馬）

9　倒木上滿滿的附生蘭與鳳梨，還有一隻長臂天牛（*Acrocinus longimanus*）。（**秘魯 東喀馬**）
10　叢生的蘭花，有發現小小的白色花朵嗎？（**馬來西亞 沙巴**）
11　乍看之下確實與蕨類非常相似。（**馬來西亞 沙巴**）

前往天池的路上，遇到正值花期的真菌異營蘭科植物——爪哇赤箭（*Gastrodia javanica* (Blume) Lindl.）。（台灣 蘭嶼鄉）

傳說中的植物：雅美萬代蘭

Vanda lamellata Lindl.

剛開始對蘭花產生濃厚的興趣時，台灣原生蘭花是我追逐的首要目標。當時有幾種不容易找到或發表後到現在還沒人看過，被視為神級的蘭花種類，雅美萬代蘭算是其中之一。這是一種中型蘭花，如果環境好可以長成一大叢，但外型明顯比常見的豹紋蘭要小。主要分布於東南亞，如菲律賓與婆羅洲北部，每個產區個體都略有不同，台灣僅在蘭嶼發現。

第一次踏訪蘭嶼，是 2005 年擔任嘉義大學昆蟲館的研究助理，由於需要展示各種昆蟲，便由學校申請採集證明，在全台灣各地找尋需要的館藏。初次踏上蘭嶼，還可見到當地耆老身著丁字褲走在路上，沿路晒著飛魚乾，純樸自然與慢活的氣息讓我瞬間愛上蘭嶼。雖然再去了好幾趟，整天在蘭嶼環島與上山，但由於任務在身，當時注意的都是昆蟲，竟然沒想到蘭嶼就是充滿蘭花的島嶼呀！

隔了數年再度踏上蘭嶼是為了探訪蘭花，從登山口一路往天池，發現地生的根節蘭（*Calanthe* spp.），又陸續看見樹幹附生紅花石斛（*Dendrobium goldschmidtianum* Kraenzl.）、黃穗蘭（*Dendrochilum uncatum* Rchb. f.）、紅頭蘭（*Tuberolabium kotoense* Yamam.）、蘭嶼竹節蘭（*Appendicula kotoensis* Hayata），到天池旁的烏來閉口蘭（*Cleisostoma uraiense*（Hayata）Garay & H.R. Sweet），還有密林中偶見的腐生蘭爪哇赤箭，真是開足眼界。當時與賞蘭夥伴騎乘機車沿環島公路拍攝地景，也找到數以千計的燕子石斛（*Dendrobium equitans* Kraenzl.），對我這樣的賞蘭初學者來說，真是難忘的景象！最後一天是下午的船班，因為還有時間，便提議再環島一周，享受壯麗的海島風光。騎乘至某處，忽然聽到好友手指前方大喊：「雅美萬代蘭，快點停車！」本以為他在開玩笑，畢竟雅美萬代蘭已經很久沒人發現了，來蘭嶼之前也查閱許多資料，普遍的說法是當年因採集而滅絕，另一說則是懸崖峭壁上才可能看到，所以根本沒打算停車。但他信誓旦旦保證「是真的！」才放慢速度將車停下，望向他手指的方向。那顆聳立在海岸線的大岩石約有 3 公尺高，靠近岩石上緣表面布滿銀色網狀線條，仔細一看竟然是蘭花的根，循著根系找到網狀根系中央的植株，一小叢外觀很像豹紋蘭，又像小一號的蕉蘭（*Acampe rigida*（Buch.-Ham. ex Sm.）P.F. Hunt），但整體氣質卻又完全不同。當時以不同的角度拍攝數張照片，最後爬上岩石確認是三株，便將較強壯的植株留下，取下

兩小株。回台灣後這兩小株分別由我與好友種植，成長的狀態一直維持得很好，從一小株變成一小叢。種植數年後，好友告知特有生物中心正在做各種瀕危植物的保種與復育，便將這雅美萬代蘭送交特生。希望這顆真正來自蘭嶼的植株，可以發揮保種的意義，也為我當年一時衝動的行為，稍作補救。

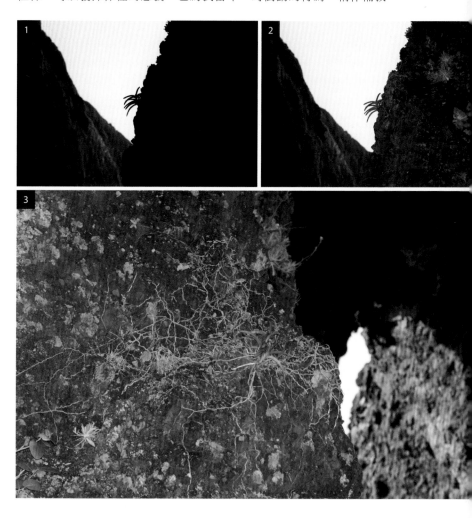

1　當年這張雅美萬代蘭光的生態照，讓許多人誤以為是蕉蘭或豹紋蘭。（台灣 蘭嶼鄉）
2　補光後可看出植株的明確樣貌。（台灣 蘭嶼鄉）
3　不同的角度可看出發達的根系！（台灣 蘭嶼鄉）
4　在家使用木盆栽培，根系健全的樣貌。
5　隔年就來一支花梗，超過 20 個花苞。
6　盛開的雅美萬代蘭。

7　逆光的蘭嶼竹節蘭，外觀小巧可愛。（台灣 蘭嶼鄉）

8　樹上附生結滿蒴果的烏來閉口蘭。（台灣 蘭嶼鄉）

9　讓人誤以為是蕨類的長葉竹節蘭（*Appendicula fenixii*（Ames）Schltr.）。（台灣 蘭嶼鄉）

10　盛開的豹紋蘭。（台灣 台東縣）

11　達悟族人身著傳統服裝走在路上的畫面難以再現。（台灣 蘭嶼鄉）

附生在樹幹上的蟻巢玉（*Hydnphytum sp.*）。（馬來西亞 巴里奧）

螞蟻共生植物：蟻巢玉

Hydnophytum moseleyanum Becc.

　　以我玩昆蟲的經驗值來說，螞蟻真是讓人又愛又恨的昆蟲。愛的是螞蟻有很多非常有趣的生態行為，例如會照顧蚜蟲、介殼蟲，發展互惠的行為；恨的是家中飼養的昆蟲常常遭遇蟻害，一群螞蟻竄入飼養箱中，再強壯的甲蟲或螳螂都無法抵擋，每次發現時都留下還沒搬運完的殘骸，而我只能呆坐在旁。自從迷上植物後，特別喜歡一些較少人注意的種類，才了解到有很多植物跟螞蟻的關係非常密切，俗稱「蟻巢玉」的就是其中一類，它是茜草科（Rubiaceae）的植物。

　　知道這種植物是在好友的園子中，看到一顆外型不規則的橢圓球形植物綁在蛇木板上，頂端長出幾根樹枝，葉子摸起來是厚肉質，球狀體頗為堅硬，外表有些孔洞，下方的根系實為粗壯，深深扎入蛇木板的孔隙。如此奇特的外觀引起我的興趣，正在細細品味時，好友走來說這是一種「蟻植物」，跟螞蟻互相依存；螞蟻將植物的球狀體當成蟻巢，當植物遭遇干擾時便傾巢而出保護植物。當時只覺得這種植物很有趣，跟昆蟲界的介殼蟲、蚜蟲相仿，都是互惠的關係。

　　再次見到蟻巢玉則是在婆羅洲。高地環境的森林日夜溫差大、溼度高，樹幹上長滿各種苔蘚與附生植物，單一個小區塊就必須花很久的時間觀察與拍攝。當大家準備前往下一區，我從地上拿起後背包，為了避免撞到正上方的樹幹，還特別將身體前傾，但稍大的攝影背包還是撞到了橫在側邊的樹幹，幾顆拇指頭大的黑色球狀體被撞落，貌似是植物於是特別蹲下查看——每顆球狀物體上都有幾片葉子，球狀體外表有二到五個孔洞，孔洞中有小小的螞蟻來來去去，記起這植物便是蟻巢玉！將它們放回樹幹上時，手上已經爬滿黑色螞蟻。當年在友人園子見到時只有帶起興趣，現在卻想在附近好好搜尋、拍攝，後續跟夥伴移動時也特別注意這類植物。原來這片森林中蟻巢玉著實不少，大部分都在蠻高的樹幹上，而且好像有兩種，一種外表較為平滑；一種外表充滿又細又尖的棘刺。在地嚮導知道我在拍攝這類植物後，特別解釋這在當地是一種藥草，原住民採集後會整顆或是切成片狀販售，主要治療肝病或癌症。之前曾看過大如排球的植株在市場販售，但現在多是拳頭大小，因宣稱有療效，某個程度對蟻巢玉來說，有滿大的採集壓力。難怪樹幹低矮的位置都是拇指大小的幼株，高一點的位置才有拳頭大小以上的個體。

　　另一個行程前往海岸林，這是一片由細緻白沙與森林還有高溫組成的嚴苛環

境。走在這裡隨時有快昏倒的感覺，因為太陽實在太過熱烈，白沙再反射陽光，整個人像是站在上下層加熱的烤箱，汗就像沒關好的水龍頭不停滴下，但為了找尋特殊植物，夥伴們都盡量在樹蔭下行動。我挑選的區塊沒有太多遮蔭，但找到喜歡的蟻巢玉，這裡的個體外觀與顏色，明顯和高地的植株不同，生長海拔也相差很大，初判應該是不同種類。因為實在太熱了，所以必須用最快的速度紀錄：全株附生在樹幹的照片、植株單獨照、莖葉特寫，還有螞蟻在植株上的出入口。

　　海岸林找到的蟻巢玉數量頗多，而且多數個體直徑超過 15 公分，同時發現比較奇特的現象，有的蟻巢玉似乎被不明外力破壞，整顆呈現崩解的狀態，還有其他植物從蟻巢玉的內部向外生長。這樣說似乎很奇怪，後來與好友討論後，了解這是一個有趣的生態循環。蟻巢玉隨著逐漸成長，塊莖越來越大，裡面的孔道也變得更多，確實提供給螞蟻當作巢穴的空間，而螞蟻的廢棄物也成為蟻巢玉的養分。有一種野牡丹科（Melastomataceae）植物的種子被螞蟻搬進蟻巢玉內部，種子發芽後，莖葉由螞蟻的出入口竄出，當植物體越長越大，就撐破原本孕育它的溫床，這時螞蟻還是持續利用蟻巢玉，直到野牡丹植物的根莖日益壯大，將蟻巢玉完全撐爆為止。當時現場所見被撐爆的蟻巢玉跟野牡丹植物都還活著，但蟻巢玉終究難逃一死，後續野牡丹植物在樹幹上取代了蟻巢玉的位置，但是螞蟻必須另尋新家，完全符合「過河拆橋」的意思。後來有段時間狂熱於種植物，蟻巢玉也在我的栽培種類名單裡。曾聽幾位朋友說它會越種植越小，植株最後好像因為營養不良而變黑死亡。因此種植時特別思考這些植物在原生環境的樣貌，它們的營養從哪邊來？如果沒有原本供給的營養來源，是否在種植時應該另外補充肥料？事實證明當時的思考是正確的。因為我的植株經常施肥，生長勢非常旺盛，半年不到的時間已經開花結果，還能利用果實再種植出一批幼苗，分送朋友栽種。

1 生長在蟻巢玉旁的石斛蘭（*Dendrobium sp.*），讓人懷疑是否跟其他植物一樣，從蟻巢玉竊取養分。
（**馬來西亞 巴里奧**）
2 手指頭大小的蟻巢玉小苗。（**馬來西亞 巴里奧**）
3 居家使用蛇木板栽培的蟻巢玉。
4 盆植的蟻巢玉，使用疏水性良好的混和介質。

5 蟻巢玉的根系鑽入介質中。
6 栽培的蟻巢玉開出白色花朵。
7 白色花朵與橘色的果實。
8 將果實的種子擠出後就可以播種。
9 產於菲律賓低海拔的蟻巢玉相當怕冷，當年冬天遭遇寒流隨即不治。
10 野牡丹從右下角竄出來，可以預見這棵蟻巢玉的未來。（馬來西亞 砂勞越）
11 海岸林的樹幹提供蟻巢玉生長，還有撐破蟻巢玉壯大的野牡丹植物。
12 前方是健康成長的蟻巢玉，後方是撐爆蟻巢玉的野牡丹。（馬來西亞 砂勞越）
13 看起來欣欣向榮的野牡丹，就是腫大的球莖撐破蟻巢玉。（馬來西亞 砂勞越）

附生在海岸林樹木上的青蛙寶，可看出三個型態的葉子，還有螞蟻在上面活動。（馬來西亞 砂勞越）

不像青蛙的蟻植物：青蛙寶

Dischidia major (Vahl) Merr.

　　蟻植物種類不少，這是在東南亞雨林觀察植物最深刻的印象。在海岸林觀察蟻巢玉的同時，周遭的植物也附生於另一種奇特的植物青蛙寶，這是夾竹桃科（Apocynaceae）的種類。當時在海岸林卯足全力拍攝各種目標植物，直到中場休息喝水時，才想起樹幹上那些被炎熱陽光晒成黃色的植物，當下詢問夥伴問那是什麼？得到的答案是青蛙寶，頓時生起疑惑──這是什麼奇怪的名字？外觀一點也不像青蛙吧，這個中文名也太有趣，但後來的發展再度跌破自己的眼鏡。休息過後大家拿起相機繼續上工，可能會有人想問，在野外拍植物又不是追動物，有那麼累嗎？這裡的高溫就算不動都會全身大汗，而且沒什麼遮蔭，如果不找地方休息補水，人會被晒到暈倒！找植物時也盡可能貼近樹幹，期望多少擋掉一些陽光。轉身時沒留意到相機包的大小，不小心撞上樹幹，被撞斷的青蛙寶葉子基部跑出螞蟻，而且數量還不少。靠近觀察發現這些螞蟻與青蛙寶的關係似乎不簡單，因為螞蟻是從膨大的囊葉（或稱變態葉）中竄出，回頭再細看這棵植物，葉子大小差異相當大，小如指甲片，大的如同小氣球，這應該是讓螞蟻住在裡面而變大的特化葉。依判斷應該和蟻巢玉相同，一個提供居住環境，一個提供保護與營養，因而達成互助合作的關係。

　　雖然了解青蛙寶在自然環境中的樣貌，但對於黃澄澄的植株稱為青蛙寶，還是讓我充滿疑惑。直到有天逛花市發現好幾個攤位販售著這種植物，跟產地最大的差異就是顏色，花市的植株都是綠色，某些角度確實很像青蛙的外觀，因為中文俗稱有時取其形象或約定成俗的方式，好記就好。

1 仔細看可以發現螞蟻頻繁的活動。（馬來西亞 砂勞越）
2 特化腫大的變態葉，因陽光充足曬成黃色。（馬來西亞 砂勞越）
3 變態葉旁是三顆花苞，雖然沒紀錄開花，但推測螞蟻是蟲媒之一。（馬來西亞 砂勞越）
4 就算攀到很細的枝條上也會長出變態葉，變態葉形成的機制讓人好奇。（馬來西亞 砂勞越）

5　在蟻巢玉與野牡丹的戰場上，也能見到青蛙寶，不知
　　道三方的因果關係。（馬來西亞 砂勞越）

6　目前在園藝市場販售的一種青蛙寶（Dischidia
　　pectenoides H. Pearson），變態葉的外觀充滿突起
　　紋路。（花草空間農場）

7　正常的葉子，有明顯的葉面突起紋路。（花草空間農場）

8　特化的變態葉基部有一孔洞，方便螞蟻進駐。（花草
　　空間農場）

鴛鴦湖細辛只能在鴛鴦湖周邊發現，辨識特徵為花萼裂間有個小突起。（台灣 宜蘭縣）

怪奇植物：雞屎眼

Asarum spp.

自從開始紀錄植物後，田野調查時會特別注意具有觀葉價值的葉子，尤其是漂亮斑紋的種類。例如馬兜鈴科（Aristolochiaceae）的細辛屬（*Asarum*）植物，葉子上的紋路多變，相當吸引人注意。台灣細辛約十多個種類，分布於低海拔森林到海拔 2000 多公尺的雲霧森林，主要生長在森林底層或邊坡。葉子漂亮讓人不由得想像花朵也美麗，但真看到花之後，卻令人有了奇特的聯想，像是「雞屎眼」……。

第一次看到細辛是在北部橫貫公路東段。當時注意的是蘭花與石松，沿著道路邊坡搜尋，還沒找到目標物之前，卻先被小巧可愛的心型葉吸引。這片葉子連接在短短的莖節上，粗壯的根系牢牢抓住岩壁土層，心想著「很特別的一棵植物」。由葉子的狀態看來應該是厚革質，摸起來的厚度相當有質感，附近還有幾棵個體，葉上的斑紋都不相同。正當賞葉時發現靠近葉梗基部有類似花的物體，這才知道細辛的花非常低調，與一般植物花開枝頭是不同的，花朵的奇特外型也讓人印象深刻。這是和細辛第一次的接觸，也將本屬植物深刻地埋進心裡。

認真地找尋細辛是 2010 年。當時依據呂長澤博士的碩士論文〈臺灣產細辛屬物之分類研究〉，才能按圖索驥把細辛收集完整，記得每一次找尋都是瘋狂行程。資料中查到，當年發表大花細辛（*Asarum macranthum* Hook. f.）這個種類的模式產地，是在基隆的情人湖，與好友馬上驅車前往。我們很快地到達情人湖，先看園區導覽，決定由湖區左側步道開始繞行，做地毯式的觀察，沿途除了鎖定充滿紋路的心型葉片外，當然也仔細紀錄湖區周邊各種生物，原以為這是早已人工化的景觀區，沒想到竟能觀察到許多原生植物與動物，雖然一路驚喜連連，但就是沒發現大花細辛的蹤影，難道因為不斷開發讓這種特別的植物消失了嗎？尚在疑慮，突然看到湖邊芒草下有片青綠色葉子，葉面有著熟悉的紋路，馬上與好友確認是否有花──看到花朵的霎時間，一整個下午的努力總算沒有白費了。

我們也時常進行長途的找花之旅，比如，從台北出發，沿著蘇花公路抵達南澳，轉進神祕湖，將車停好用步行的方式，來回足足走了三小時，總算順利拍到神祕湖細辛（*Asarum villisepalum* C.T. Lu & J.C. Wang），當時還因為沒有攜帶行動糧而飢腸轆轆，差點不想再走下去呢！後來轉往花蓮太魯閣，

找到兩種細辛，繞到南投再接回台北。幾種位於保護區或較遠山區的種類，其中為了拍攝鴛鴦湖細辛（*Asarum crassisepalum* S.F. Huang, T.H. Hsieh & T.C. Huang）足足等了兩年，因為這不是可以隨意進出的地方，透過好友幫忙，總算有機會隨著調查計畫進入保護區一探究竟。鴛鴦湖細辛與太平山細辛（*Asarum taipingshanianum* S.F. Huang, T.H. Hsieh & T.C. Huang）生長的海拔及環境差不多，葉型、花型非常相似，若不是以產地來區分或相關的研究人員，一般大眾很難分辨。在進入鴛鴦湖後，被幾乎覆蓋在所有樹木上的苔蘚吸引，因為實在太像仙境，直到看見苔蘚上心型有斑紋的葉子才想起主要目的。步道兩側石頭縫的苔蘚上就有鴛鴦湖細辛，所幸挑的時間正確，找到正在開花的植株，形狀相較太平山細辛最大的不同是花瓣與花瓣間有個突起，只要看到這個特徵就能確定是鴛鴦湖細辛。

　　細辛的葉子質感與葉紋多變，日本植物玩家幫不同的葉紋取名，例如龜甲紋、無紋，是植物愛好者會喜歡的小品。可是細辛的栽培並沒有想像容易，在我的陽台種得並不好，主要是它們喜歡恆定高溼的環境，對於溫度倒還好，不要直接照到夏天的太陽，都能長得還不錯。如果有溫室，將細辛放置棚架下層，相信應該能長得不錯。因為觀察過原生地環境，在種植時使用較為疏水的材質，有利根系的生長，每年秋天是成長季，如果植株健壯就能長出美麗的心形葉子，花期依照種類不同，則是每年 11 月至隔年 3 月。

1　葉子斑紋美麗的大花細辛。（台灣 新北市）
2　模式產地拍攝的大花細辛，花型花色與當年發表的板畫殊無二致。（台灣 基隆市）
3　插天山細辛（*Asarum chatienshanianum* C.T. Lu & J.C. Wang）的花色多變，大部分是青綠色，這株個體花色較為特別。（台灣 新北市）

4　花型最為妖異的下花細辛（ *Asarum hypogynum* Hayata），也最貼近不雅的別稱「雞屁眼」。（台
灣 南投縣）

5　細辛的葉子斑塊、花紋多變，這種美麗的紋路在日本稱為「龜甲紋」。（台灣 台北市）

6　原先稱為八仙山細辛，後來研究學者正名為薩摩細辛（ *Asarum satsumense* F. Maek.）。（台灣 台中市）

7　還算常見的薄葉細辛（ *Asarum caudigerum* Hance），花朵非常像南美洲的三尖蘭。（台灣 新北市）

8　八重山細辛（ *Asarum yaeyamense* Hatus.）使用蛇木屑、赤玉土調製的栽培介質。（台灣 宜蘭縣）

9　皺花細辛（ *Asarum crispulatum* C.Y.Cheng & C.S.Yang），經過適當的栽培，花朵幾乎達到 8 公分。

放在後下花園栽培的細辛，葉形、葉色，花紋都相當美麗，完全是觀葉植物的架式。

個人最愛的寬葉石松（*Phlegmariurus cunninghamioides* (Hayata) Ching），照片中的植株，應該是目前台灣已知最大叢的個體。（台灣 新北市）

走氣質路線的植物：石松／馬尾杉

Phlegmariurus spp.

　　有次在觀霧大鹿林道與幾位賞蘭好友踏青，林道中發現一棵倒木，樹皮上除了幾棵瀕死的金草蘭外，還有非常少見的捲葉蕨。當天行程結束，回家檢視照片發現捲葉蕨後面有一種型態特殊的植物，查了圖鑑資料才得知那是鱗葉石松（*Phlegmariurus sieboldii*（Miq.）Ching），從那天開始就瘋狂找尋這類植物。它們多附生在樹幹或石頭上，植物體外觀如松針，植物莖具有多回分枝，看起來像馬尾，所以稱為石松或馬尾杉都相當符合這類植物的特色。石松早期的分類歸於古老的蕨類，後來獨立為石松綱（Lycopodiopsida）馬尾杉屬（*Phlegmariurus*），目前台灣紀錄這屬植物有十個物種，分布在低海拔闊葉林到中海針闊葉混和林，喜歡冷涼、溼度高又通風的環境。由於時常田野調查，累積了一些觀察經驗，只要在環境發現某一物種，代表找到某些物種的機會也跟著大增，這是因為這些物種需要的生長環境都相同，像石松這類的植物，通常附近也伴生蘭花。

　　一般人對於「附生植物」多半不了解，大部分看到樹上有其他植物時，認為那是「寄生」在樹上，但「附生」與「寄生」在字面的意義上，可是有相當大的差別呀！附生代表它們只附著在物體的表面上，會自己想辦法吸收養分成長，不會吸取被附著物體的營養維生。我們可以把森林中的樹木想像成一棟一棟不同的出租公寓，各種附生樹上的苔蘚、蕨類、蘭花等植物，它們可自行選擇喜歡的樹種與高度，就像房客一樣，但樹木公寓不收租金，附生植物就負責將這些樹木公寓裝扮得繽紛非凡，讓森林更添綠意。寄生字面上的意義，指一個生物寄生在另一個物種（被寄生的物種簡稱為宿主）的體表或體內，完全或者僅一段時間同時靠著吸取宿主的養分維生。寄生植物將它們的根伸入宿主的樹皮裡，直接由宿主的組織吸取水分與養分成長。簡單來說寄生植物與宿主有了同生共死的關係，萬一宿主死了，寄生的植物也活不下去。

　　2010 年陽台曾改造為定時噴水霧的高溼度環境，以符合這類植物的需求，當時陽台的植物最多就是石松，來源多為好友分株或花市購買。由於石松的外觀變異頗大，無論台灣原生或國外種類，都是我的蒐集標的。因為收集的種類豐富度加上栽種經驗值，自認已到達一定水準，曾一度想出版「石松的栽培與觀賞」類書，最後被出版社勸退，因為台灣玩附生植物的人不多，而專攻石松的就更少，只好把這個想法埋進心裡。

當時為了收集更多種類，很早就跟泰國知名的鹿角蕨栽培家汪娜（Wanna Pinijpaitoon）合作，因為她提供為植株申請檢疫證明與海關出口證明，這樣可以合法輸入台灣。和汪娜除了交換種類外，也向她買進許多特別的個體，以增加種植的經驗。實際種植一段時間後發現，原先認為較高海拔的種類在平地應該很難種植，可在我的陽台似乎活得相當不錯，除了溼度靠噴霧設備維持外，另一個重要因素就是通風。十樓邊間面朝東北的好處就是風大，搭配水霧一下溼一下乾，讓許多不容易在市區度過夏天的種類，尤其被視為鐵板的鱗葉石松、銳葉石松更能茂盛成長！在收集過程中發現，這類植物的性狀也很多變，尤其是鱗葉石松有許多不同的個體，原以為是環境因素造成型態改變，但經過一段時間種植觀察確定是相異的個體。

2008 年經由好友介紹前往位於土城的蘭花別墅，當時對石松栽種已經有一定的經驗。與園主相談甚歡，園主帶領我到一棵型態十分特別的石松前，問我「知道這棵是什麼種類嗎？」這是他在花蓮的倒木上撿拾，當時附近倒木都是垂枝石松（*Phlegmariurus phlegmaria*（L.）T. Sen & U. Sen），僅有這棵外觀完全不同，以為應該是個體差異，但主要的型態就已不同，小葉的生長方向與形狀也不相同，看起來就像龍身上的鱗片，當時暱稱「龍鱗石松」。看到後心儀不已，便向園主要求剪取數根成熟的孢子囊穗，看是否能以悶養方式誘發不定芽生長，另外剪下生長點旁不到 2 公分的新芽。經過數年的栽培，雖然沒有突破不定芽的誘發技術，但那棵小小的新芽已長成美麗的植株。2009 年底前往台東田野調查，知本好友告知找到一棵外觀非常特別的覆葉石松（*Phlegmariurus carinatus*（Desv. ex Poir.）Ching），便帶領我們前往觀察該棵石松，一眼見到就認出是龍鱗石松，這是第二筆發現紀錄，後來在台東又找到幾棵一樣的個體，確認不是個體變異或偶發，2014 年由謝東佑博士發表為張氏石松（*Phlegmariurus changii* T. Y. Hsieh），種小名則是為了感謝發現者張良如先生而命名。發表後沒多久，原先的母株因為感染細菌慢慢衰敗死亡，2016 年 3 月初，準備前往南美洲將近三周，便將當時在我這邊保種的植株送回土城蘭園，完成我的階段性任務。

石松細長飄逸的氣質真的相當吸引人，大部分的朋友看到都很喜歡，只要環境不要太過乾熱，基本上並沒有想像中的難栽培。種植時多以蛇木板做為主要栽種方式，將植株搭配水苔固定上去即可。但在泰國則是以盆植為主，盆中介植以椰纖塊搭配其他透氣料種植。任何種植介植都要注意酸化衰敗的問題，這會影響根系的健康，通常只要植株末段開始莫名發黃，極有可能是介植衰敗所引起，必須快速更換以利石松生長。

1　超大叢的垂枝石松展現旺盛的生命力！（台灣 新北市）
2　覆葉石松與垂枝石松一起附生在樹幹上。（台灣 新北市）
3　橫枝上附生的福氏石松（*Phlegmariurus fordii*（Baker）Ching）展現飄逸的姿態。（台灣 宜蘭縣）

4　對的環境，樹幹上隨意放置的蟻巢玉（*Hydnophytum* sp.）與石松（*Huperzia* sp.）就能活的很好。（**馬來西亞 巴里奧**）

5　大叢的崖薑蕨（*Aglaomorpha coronans*（Wall. ex Mett.）Copel）共生垂枝石松。（**台灣 新北市**）

6　東南亞種植石松的風氣較盛，圖為廣義的杉葉石松（*Phlegmariurus* sp.）。（**馬來西亞 砂勞越**）

7　來自所羅門群島的石松（*Phlegmariurus carinata* 'Solomon island'），姿態非常美！（**自宅**）

8　山採市場有各種撿拾或栽培的石松，其中藍白光澤的藍石松（*Phlegmariurus goebelii*）最吸睛。

9　居家陽台栽培的寬葉石松，在陽光下顯得生氣勃勃。（**自宅**）

10　居家陽台半遮陰的環境，很適合種植石松（*Phlegmariurus* sp.）。（**雨林植物達人夏洛特家**）

11　產自中國的銳葉石松（*Phlegmariurus* sp.），整體型態氣質與顏色和台灣的完全不同。

12　當時從菲律賓進口的石松（*Phlegmariurus* sp.），頂端分枝成十幾頭，就像蛇魔女梅杜莎。（**自宅**）

十多年前栽培許多種類的石松，讓生活變得更多采多姿；在春、秋兩季石松好發生長的大季節，我都會在這時給予足夠的水與肥料，讓這些石松大展身手。（自宅）

13 好友在溪溝拾獲的張氏石松，是台灣的第二筆紀錄。（台灣 台東縣）

14 第一筆發現紀錄的張氏石松，一個小芽頭延續它的存在。（自宅）

15 第一筆發現紀錄是倒木撿拾的張氏石松母株，經過栽培呈現猖狂的長勢，已於 2016 年染菌死亡。（張良如先生蘭園）

16 產於馬達加斯加的石松（*Phlegmariurus* sp.），外型粗壯。（雨林植物達人夏洛特家）

17 好友的植物別墅利用一棵倒下的筆筒樹（*Alsophila lepifera* J. Sm. ex Hook.），在山蘇（*Asplenium antiquum* Makino）下種滿各種石松，重現原生環境的狀態。（張良如先生蘭園）

18 健康的石松剛長出的根系狀態。

19 銳葉石松（*Phlegmariurus fargesii*（Herter）Ching）的展葉個體，可看到小葉呈現展開狀態。（自宅）

維奇豬籠草形態多樣、可見，照片植株瓶唇為全部金色的華麗個體。（馬來西亞 巴里奧）

金碧輝煌的豬籠草：維奇豬籠草

Nepenthes veitchii Hook. f.

　　從小就對「豬籠草」感到好奇，當時在圖片上看到植株的葉子狹長，末端有一個瓶狀物。它們主要分布於高溫溼熱的東南亞熱帶國家，資料上記載是為因應生存需求，特化出外觀像籠子般的捕蟲籠，這就是它「豬籠草」之名的由來。捕蟲籠是用來捕抓昆蟲，不同豬籠草的捕蟲籠以各自的方式吸引昆蟲走入這致命的陷阱中。有的是靠捕蟲籠本身鮮豔的色彩迷惑昆蟲，有的則是分泌蜜汁讓昆蟲靠近取食，不論是哪一種方式，最重要的目的就是讓昆蟲在靠近的過程中掉落陷阱，瓶中的液體會將掉落的昆蟲消化分解，變成植物需要的營養。

　　豬籠草的籠子各異，其中一種特別奇怪，探訪的產地，就在公路旁的森林中，要熟門熟路的人帶領才找得到。映入眼簾時覺得它與之前看過的種類差不多，也沒有特別的花紋，直到發現兩根宛如獠牙的突起物，才知道名字「二齒」的緣由。只是當時僅留下幾張紀錄照，想要再回去補拍幾張，好友卻告知該產區已經被開發，徒留許多遺憾。

　　原先對豬籠草的認知僅僅是食蟲植物，對它生長環境與習性的理解，都是從書籍或朋友口述來的。曾經因為孩子喜愛，在花市買了一盆原藝種類的豬籠草，放在陽台只要正常給水就能活得還不錯。但知道維奇豬籠草後就整個改觀，當時玩食蟲朋友一提到本種，就會流露出發現寶物的神情。維奇豬籠草是婆羅洲特有的種類，分布還算廣泛，在西北部森林都可見到，但因為產地眾多，原生個體有不同的差異。其中最讓人津津樂道的，是低地森林的個體會附生在樹幹上，而高地的維奇則為地生。經過實地走訪產地後，坊間的討論與傳說都不在話下了，因為眼見為憑！

　　巴里奧是婆羅洲著名的稻米產地，海拔約 1000 公尺，是生態豐富氣候宜人的高地。第一次造訪由古晉搭乘小飛機，機場相當簡單純樸，民宿主人早已駕車於機場等候。一路幾乎都是白色砂質路面，搭配晒了會令人微微刺痛的陽光，著實有種身處海邊沙灘的錯覺。民宿旁稍走一段即可進入森林，第一眼的感覺是植物普遍不高，不像低海拔雨林龍腦香科（Dipterocarpoideae）植物直竄雲霄的震撼，到底是曾被砍伐過或環境使然，民宿主人也沒有資訊，但至少可以確定這裡「到處是寶」。放眼望去全都是圖鑑上看過的蘭花與豬籠草，邊走邊拍一刻不得停，而隊員們絲毫沒有停下的意圖，雖然內心有疑問，但第一次來還是小心跟進較為恰當。

休息時問了好友才知道，這次要找的是維奇豬籠草，目標是絕美的個體。當時我對於植物個體還沒有太多概念，心中覺得不都一樣是維奇嗎？好友看出我的疑慮，路程上和我邊看邊聊不同個體的差異，才知道原來自然環境中的植物實生苗，每一株個體都不太相同，像是植株大小、葉子長短等等。其中最多人想找尋蒐集的是葉子出現斑紋或線條的個體（出藝、出斑、出錦），但找到的機會微乎其微。豬籠草則是以瓶子的表現為主，瓶唇顏色、瓶唇大小、斑紋，都像在開獎一樣讓人充滿期待，而巴里奧產區的維奇因為個體充滿表現所以特別有名。

　　一路看了不少維奇豬籠草，個體大多類似，瓶唇為一般色系，並沒有特別新鮮的型態吸引我們注意。直到好友在前方呼喊，快速抵達後，一叢由十數個金色瓶子疊起的金字塔，在陽光照射下發出閃耀的光芒。急忙拿起相機開始各種角度紀錄，跪趴在地上拍攝平視角地景照時，好友們在旁邊笑的樂不可支，原來我跪趴在地上與豬籠草金字塔，就像埃及人面獅身與金字塔的景象。沿途票選維奇的不同個體，有的個體瓶唇較一般個體寬，外型看起來超有氣場！有的個體是花紋較多而且鮮豔，還有瓶唇的底色為金色，較一般青色瓶唇更有氣勢。其中最有印象就是那座疊的像金字塔的金色瓶子個體，雖然過十多年了，在我腦中的樣貌還是那樣鮮明。

1　第一次看見高地維奇豬籠草就被它寬大的瓶唇吸引。（馬來西亞 巴里奧）
2　金色瓶唇帶著紅色線條，是非常美麗的個體！（馬來西亞 巴里奧）

3　唇的構造讓物體更容易滑落瓶中。（馬來西亞 巴里奧）
4　邊境市場販售蘋果豬籠草（*Nepenthes ampullaria* Jack），有各種不同個體表現。（馬來西亞 砂勞越）
5　綠色瓶唇搭配紅色線條，雖然稍有破損但一樣吸睛。（馬來西亞 巴里奧）
6　豬籠草瓶內裝糯米蒸熟後販售。（馬來西亞 砂勞越）
7　在海岸林低地的紅色帶斑蘋果豬籠草，色澤鮮豔欲滴。（馬來西亞 砂勞越）
8　森林底層的蘋果豬籠草，籠蓋已沒有遮雨功能，主要收集消化落葉腐植。（馬來西亞 砂勞越）
9　生長在對的環境，就是滿滿的蘋果豬籠草。

馬來王豬籠草，透光籠蓋與鮮紅瓶唇在高地森林中非常顯眼。（馬來西亞 沙巴）

最大的豬籠草：馬來王

Nepenthes rajah Hook. f.

　　提到豬籠草，就不可漏掉全世界最大瓶身的種類！老實說，在婆羅洲觀察到許多知名種類的豬籠草，先不談住在高海拔需要長途跋涉的珍奇種類，容易到達的研究站，當然就是觀察第一選項。這趟觀察是在 2013 年 12 月，當時與兩位好友前往婆羅洲神山國家公園旁的民宿，協助五天生態資源調查，第三天與民宿認識的好友，規劃前往神山的美思勞高海拔研究站，我們請民宿幫忙叫車，四人浩浩蕩蕩出發，經過約一個鐘頭車程，到了管理站現場略顯冷清，並不像好友描述的那樣。好友購票申請入園，櫃台人員表示先前園區因為受到災損，有幾個路段坍方，所以不能入園。這才想到怎麼出發前沒先電話查詢園區狀態，導致白跑一趟。民宿好友與櫃台人員談了一會的話，回頭對大家說：「可以入園了！但要寫切結書，萬一發生任何事跟管理處沒關係。」原來這位好友是馬來西亞華僑，會說流利的馬來話，溝通起來沒任何問題！

　　我們四人邁步走進園區，高海拔的植物相與低海拔完全不同，隨著步道越走越高，路旁美麗的著生杜鵑正值花期，花朵如小孩拳頭般大小，前方看到豬籠草開始出現，美麗的瓶身吸引我們的目光，雖然不是目標種類，但絲毫不減觀察與拍攝的興致。這時好友問起：「為什麼好好的植物在葉上會長一個瓶子？」我曾為了同樣的疑問找了資料——這類我們知道的食蟲植物，像是豬籠草（*Nepenthes* spp.）、捕蠅草（*Dionaea* spp.）、毛氈苔（*Drosera* spp.）、捕蟲堇（*Pinguicula* spp.）、狸藻（*Utricularia* spp.）等，跟大部分植物一樣行光合作用，利用根系吸收養分，但可能生長的地點較為貧瘠，沒有足夠的腐植質或環境留不住腐植質，以至於養分不夠，所以葉子才慢慢特化成我們看到模樣。瓶子就是葉子的一部分，而且瓶子並非永久保固，使用期限各有不同，就算瓶子壞了，葉子還是可以進行光合作用。

　　突然一根巨大的花梗擋在我面前，因為顧著講話差點撞上，停下來定睛一看，這排列的花序是豬籠草的雄花呀！循著花梗向下看，果然跟想的一樣，是馬來王豬籠草（又稱拉賈豬籠草）！巨大葉子與瓶子組成的植株，瓶身為紅棕色，搭配黑褐色的瓶唇，我還在努力觀察整棵植物，其他人早已拿起相機猛拍，為避免亂入眾人拍攝的照片，選擇繼續往前走，因為出現第一株，就代表棲地環境到了。

　　果然往前沒多遠，還記得左轉上坡處走沒兩步，就看到一個巨大的瓶身，充

滿氣勢地橫躺在其他植物上，比剛剛那個瓶子至少大 1.5 倍，而且植株在完全沒遮陰的地方全日照，雖然幾片葉子有日燒的現象，但完全無損它所展現的生命力！豬籠草瓶中是具有消化功能的液體，昆蟲或是有機物掉進去，可被分解轉化成植株的養分；基本上在消化液中沒有生物可以存活的，但許多生物在嚴苛環境為了存活下去，各自發展出不同的適應能力——仔細觀察時發現，消化液中竟然有蚊子的幼蟲孑孓在活動，而且為數不少，實在太讓人興奮了，這才體會生態世界有太多等著我們去探索。

1　馬來王豬籠草，巨大的豬籠草瓶展現王者的氣勢。（馬來西亞 沙巴）
2　土壁上長滿約直徑 5 公分的小苗。（馬來西亞 沙巴）
3　籠蓋就像巨大的馬桶蓋。（馬來西亞 沙巴）
4　直徑超過 20 公分的中苗。（馬來西亞 沙巴）
5　巨大的植株與豬籠草瓶，由此可看出比例。（馬來西亞 沙巴）

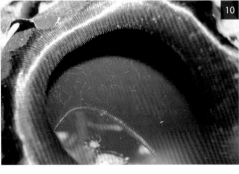

6　好友說這像一個大浴缸，但進去泡澡的生物都會變
　　成馬來王豬籠草的養分。（**馬來西亞 沙巴**）

7　每個豬籠草瓶都有使用期限，就算已經完全枯黃，
　　氣勢依舊。（**馬來西亞 沙巴**）

8　兩株伯比奇豬籠草（*Nepenthes burbidgeae* Hook. f. ex
　　Burb.）的瓶籠靠在一起，形成互相依偎的有趣畫面。

9　豬籠草雌雄異株，這是雄花。（**馬來西亞 沙巴**）

10　消化液中發現孑孓，證明有些生物已經適應並共生。
　　（**馬來西亞 沙巴**）

透過茂密的枝葉，發現遠方樹上掛著我們夢寐以求的聖杯──寬唇豬籠草。（馬來西亞 砂勞越）

傳說中的聖盃：寬唇豬籠草

Nepenthes platychila Chi.C. Lee

2009年首次踏上婆羅洲，感受到真正雨林的豐富生態，也因為夥伴都是愛好植物的朋友，從此跌入雨林植物的世界，就算再辛苦再累，都無法停止想進雨林探訪的悸動！而這次尋找傳說物種的行程，也被暱稱為畢業旅行，因為前兩年來探勘好幾次，雖然各有不同的收穫，苦無找到目標物種，每次耗費的時間與預算，還有不確定因素，讓大家堅定這次必須達成任務。我們依據的線索僅是2002年該產地紀錄的植物資訊、豬籠草圖鑑簡略介紹，還有一張本種豬籠草地生的環境生態照。

經過一路瘋狂的舟車勞頓，從陸路（古晉到碼頭）到海路（南中國海），再轉江路（拉讓江）進入陸路（瘋狂四輪驅動行程），下車後所有隊員全身都是一層灰白的泥土，大家不禁相視而笑。從出發到達當地村莊已是兩天後的事，第三天早上委由四驅車帶我們到登山口，將裝備與物資稍作整理，隊員們魚貫進入森林，真正展開畢業之旅。上山的行程可說甘苦參半，甘的是漫步美麗且杳無人煙的森林，體驗野地的美好，還能不時發現與拍攝美麗物種；苦的是雖然已請四位依班族嚮導，隊員不需負擔水與公糧，但各自的裝備與器材也不輕，加上沒有道路，每一腳踩踏都是深厚的落葉腐植質，體力損耗可想而知。加上我還另外背了兩機三鏡雙閃與一堆電池的相機包，可說是吃足苦頭。前三天完全沒有目標物的蹤跡，兩晚都是找個可湊合的地方就紮營，而且飲用水也快沒了，在斷炊前找到水源，大夥兒才能定下心專心找尋。隔天隊員從溪邊營地放射狀的地毯式搜尋，直到傍晚還是一無所獲，最後因為帶上來的食物只能再支撐兩餐，討論決定隔天一早拔營下山。

下山途中我們還是沒放棄找尋目標，大約花了半天時間來到靠近登山口旁的高地，只要再一個小時左右就能到大泥路，討論後決定在原地將食物吃完，稍事休息再繼續下山。這時一位隊員東張西望好像找到什麼，突然間興奮地大笑大叫，當時還以為他這幾天太累或是卡到魔神仔了！最後終於聽清楚他大叫著：「我們找到了！找到了！」他手指著前方懸垂的蔓藤，蔓藤旁有個杯狀物，杯狀物與圖鑑上的目標物種有幾分類似，一樣的寬唇，但顏色沒那麼紅，專家隊員一看，露出滿意的微笑，我知道找到了！終於看到傳說中的聖盃寬唇豬籠草，大家輪流開心合照當下，隊員之一在遠處呼喊我們，因為他找到比圖鑑上有過之而無不及的鮮紅寬唇個體，讓整個行程更加圓滿。回村莊的大卡車上，

聊起這幾天所有隊員因為圖鑑照片的引導，把注意力都集中地上，沒想到竟然在最後一天，距離登山口只要一個鐘頭路程的高地，聖杯就懸掛在我們頭上而不自知。這趟畢業之旅讓我對植物生長的環境與見識再上一層樓。

1 穿過密林直達聖杯的大本營。（**馬來西亞 砂勞越**）

2 寬大的瓶唇，內緣非常光滑，會讓靠近的昆蟲滑落。（**馬來西亞 砂勞越**）

3 寬大瓶唇、輻射狀條紋及婀娜的瓶身。（**馬來西亞 砂勞越**）

4 與我們同行的伊班族地陪，正凝視找了好幾天的聖杯。（**馬來西亞 砂勞越**）

5 看到美麗的瓶唇，讓我們這趟畢業旅程劃下完美的句點。（馬來西亞 砂勞越）

6 好友深入密林找到一株超紅鮮豔個體，當時被它絕美的姿態所吸引，久久無法言語！（馬來西亞 砂勞越）

7 二齒豬籠草（*Nepenthes bicalcarata* Hook. f.）除了外觀特別外，還跟螞蟻共生，可惜棲地不久後遭到開發，無緣再見！（馬來西亞 砂勞越）

8 白環豬籠草（*Nepenthes albomarginata* Hook. f. ex Burb.）顧名思義，瓶唇下一圈白色絨毛而得名，隨著棲地遭到開發，越來越難見到野外的身影。（馬來西亞 砂勞越）

9 二眼豬籠草（*Nepenthes reinwardtiana* Miq.）就像小朋友，一雙可愛的眼睛望著你。（馬來西亞 沙巴）

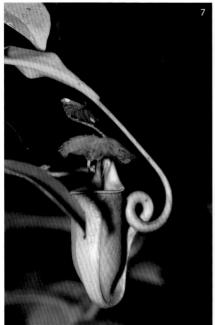

尚未打開瓶蓋的波哥豬籠草，像極了男性生殖器，因而有了「Penis flower」的稱號。（柬埔寨 波哥國家公園）

超陽性植物陰莖花：波哥豬籠草

Nepenthes bokorensis Mey

記得前幾年，臉書瘋傳一部影片，一群女生看著外型如同男性生殖器的豬籠草瓶，露出害羞或嬉鬧的表情，加上某些手勢與動作，讓人不得不想入非非……。

跨出亞洲計畫在 2017 年執行結束後，2018 年重新檢視東南亞國家，規劃尚未前往的地點，柬埔寨是這趟的選擇，首次探訪地點為波哥國家公園。資料顯示，國家公園的地理位置靠近越南，位於一座獨立的山，山頂也是國家公園的範圍，內有一座五星級飯店，配置賭場，這也是當時知道唯一可以住宿的地點，剛好看到網路訂房打折，便與三位好友一同前往探訪生態。只是沒想到，竟然來到影片中豬籠草的產地！抵達飯店後，經理為我們介紹附近景點，特別提到當地最有名的植物「Penis flower」（中文翻譯為陰莖花），希望我們無論如何都要去看。當時與好友在飯店大廳笑到胃痛，這名字也太有趣了吧！

實際到現場觀察發現，這種豬籠草真是非常「陽性」的植物，它的生長環境周遭沒有超過 50 公分高的植物，毫無遮蔭，是最標準的全日照，介質為砂質含些微腐殖質，看起來相當貧瘠，周圍伴生其他食蟲植物，如毛氈苔、茅膏菜（*Drosera* spp.）與蔥草（*Xyris* spp.）。再來就是看到還沒「開蓋」的豬籠草瓶，隨即領悟，因為形狀太像男性生殖器了，與好友再次笑到不行。後來有許多觀光客前來，導遊介紹時一律說這是「Penis flower」。或許因為外型實在太像，而有了這樣貼切的俗稱，但這裡還是要正名一下！所謂「Penis flower」指的是豬籠草葉子特化而成的捕蟲籠，並不是花，這點千萬不要忘記了！回到台灣發布貼文後，中研院的鍾國芳博士專業補充「豬籠草的豬籠是葉尖發育而成，如果真要取一個響噹噹又符合科學的俗稱，應該稱為『Penis leaf』才對。」但實際上這種豬籠草有真正名字，因為在波哥國家公園發現，全世界也只有這裡有，便以波哥為其命名，正式的中文應為「波哥豬籠草」。

聽朋友說本種豬籠草在當地已形成一個特別的生態系。有一種蒼蠅會在豬籠草瓶內產卵或直接生幼蟲，幼蟲取食掉進瓶中的有機物殘骸，因此，有一種蜘蛛會在瓶口或瓶中守株待兔，為的就是捕食飛來產卵的蒼蠅及瓶中羽化的蒼蠅。現場確實發現有的瓶子內緣躲著蜘蛛，但無緣見得剛好捕捉蒼蠅的畫面。比較特別的是某些豬籠草瓶底部有小小的孔洞，我們大膽地推論可能是被蛆咬破的，如此一來可以到瓶外找到合適的環境化蛹，避免羽化而被捕食。連續兩

日來這裡觀察，貧瘠的環境多多少少還是有開花植物，但訪花的昆蟲不多，地面有幾種小型的蝗蟲在活動，對於蜘蛛這種肉食性動物來說，在形狀特別的瓶中以爾虞我詐的方式共同存活下去，這問題值得我重回此地找尋答案。

1　波哥豬籠草的棲地非常貧瘠，毫無遮陰的環境。（柬埔寨　波哥國家公園）

2　波哥豬籠草的雄性花序，花苞、盛開、花粉，皆一覽無遺。（柬埔寨　波哥國家公園）

3　開蓋後可發現蓋子明顯大於瓶口，就像撐著雨傘避免雨水滴進瓶中。（柬埔寨　波哥國家公園）

4　被觀光客踩破的豬籠草瓶，檢視內容物有蒼蠅（麗蠅）、螞蟻、蛾類的屍體。（柬埔寨　波哥國家公園）

5　每個開蓋的瓶子中，都觀察到蜘蛛，差別在於體型大小。（柬埔寨　波哥國家公園）

6　確實有蜘蛛躲在豬籠草瓶中，正在「守瓶待蠅」。（柬埔寨　波哥國家公園）

7　蒼蠅的屍體完整，不知是掉落淹死還是其他因素。（柬埔寨　波哥國家公園）

8　寄生蠅在瓶蓋上，不知是準備產卵或是單純經過休息。（柬埔寨　波哥國家公園）

9　波哥豬籠草原生環境的植被狀態，伴生植物不超過 50 公
　　分高。（**柬埔寨 波哥國家公園**）

10　將瓶中的消化液倒出檢視，除了許多昆蟲的屍體外，確實
　　有蠅類的幼蟲——蛆在裡面活動。（**柬埔寨 波哥國家公園**）

11　附近的灌木叢找到幾個豬籠草瓶，在底部被挖（咬）出一
　　個洞，懷疑是蛆為了化蛹而破壞瓶身。（**柬埔寨 波哥國家公
　　園**）

小毛氈苔在溼地環境的生長狀態，周圍是禾本科植物的天下。（台灣 新竹縣）

營養不夠就吃蟲：小毛氈苔

Drosera spatulata Labill.

　　許多朋友聽到食蟲植物，第一個想到的多半是「捕蠅草」。葉子末端特化而成大夾子，倘若有昆蟲不慎停上去，便會觸動機關讓夾子合起來，進而變成它的營養。還不知道食蟲植物前，以為植物就是靠根部吸收土壤中的水分與養分，待植物體行光合作用後，將這些養分轉化為成長茁壯的原素。有些植物生長在相當貧瘠的環境中，根部無法吸收足夠的養分，只好轉由其他方式來攝取營養。

　　台灣也有原生食蟲植物，而且還不只一種喔！它們雖不像東南亞雨林的豬籠草大型多變，或像美洲的瓶子草（*Sarracenia* spp.）、捕蠅草般珍奇，但也小巧精緻，而且捕蟲行為與這些大型珍奇種類無異。小毛氈苔是台灣最常見的食蟲植物，植株大小與 10 元硬幣差不多，葉子上充滿腺毛，腺毛會分泌出黏稠的液體，近看時就像珍珠一樣美麗。這種植物附著在溼度恆定的岩壁或地面上，常與各種苔類、蕨類混生，喜歡陽光的照射。它們生長的環境沒有豐厚的落葉腐植給予養分，到底是如何攝取成長所需的養分？我們由食蟲植物的意義就能得知，它們食蟲的方式十分特別。葉子上像珍珠一樣漂亮的腺體，其實是捕捉昆蟲的陷阱，當不知情的昆蟲走入時，馬上被黏稠的腺體纏住動彈不得，腺體中含有消化液的成分，慢慢將誤入陷阱的昆蟲分解吸收，讓植物體得到需要的養分。

　　食蟲植物為了存活必須以不同的方式吸取營養，毛氈苔算是最平易近人容易觀察的種類。之前對食蟲植物沒興趣，直到有天逛花市，看到攤位上擺放的毛氈苔，圓形的植株，寬短可愛的葉子，葉子上特化的毛與分泌的腺體，整顆亮晶晶太吸引人。於是用新台幣將它帶回家，當時對這類植物認知不足，聽信老闆說放在窗台邊每天噴噴水即可，不到一個月植株變成咖啡色，最後衰敗死亡，當時覺得很沮喪，怎麼連一棵小植物都種不好！殊不知在野外看過環境後，才明白老闆給我的資訊根本不夠，難怪種不活！

　　第一次在野地觀察小毛氈苔，是和好友前往東北部山區的林道調查昆蟲資源。這裡森林狀態很不錯，幾乎沒有破壞與開發，林道盡頭是軍營及中華電信的訊號站。我們沿著路邊觀察，剛好看到整面向陽山壁長滿過山龍（*Lycopodiella cernua*（L.）Pic. Serm.）與雙扇蕨（*Dipteris conjugata* Reinw.），其中還有較少見的木賊葉石松（*Lycopodiastrum casuarinoides*

（Spring）Holub）。那時我對蕨類正好有興趣，便拿出相機開始紀錄，當拍攝雙扇蕨小苗時，看見鏡頭內有帶著紅色的植物出現，將對焦點調在紅色處才發現是小毛氈苔，原來這面山壁上滿滿的小毛氈苔，數量之多實在難以想像。這面幾乎垂直的山壁，可以想見無法將水分與落葉腐植留住，卻變成小毛氈苔生長的溫床。這時想起，小毛氈苔的葉上腺毛會分泌晶瑩剔透、具有黏性的消化液，等著環境中的小蟲掉入陷阱，而後被消化吸收成為養分來源。便開始在岩壁上搜尋，確實看到不少小毛氈苔的葉子上黏有小蟲。觀察時發現它們都生長在岩石向陽面，還有各種顏色組成的苔蘚，穿插一些植物的小苗，光線十分充足，可說是全日照。頓時想通之前的小毛氈苔為什麼種不活，因為窗台邊的光完全不夠呀！

後來思考在工作室利用層架搭上光源種植物，本想準備植物專用燈，但幾位朋友看法都是一般日光燈管的效果和植物燈管差不多，重要的是光照時間至少16小時，觀察前兩個月植物生長狀態，再調整時間或植物與燈光的距離。利用室內光源栽種後，果然在充足的光源下，毛氈苔的生長勢相當不錯，雖然不像野外個體，被太陽晒得紅紅的，但每片葉子都很健康，腺毛上閃著晶亮的黏液，果然輔以原生態環境的觀察，更能抓到植物的需求，將它們種得更好。

1

1　近拍小毛氈苔葉子上的腺毛黏液，每一顆都像珍珠般美麗。（台灣 宜蘭縣）
2　雖是全日照的環境，但植株健康，生長勢相當旺盛。
3　寬葉毛氈苔（*Drosera burmanni* Vahl）的小苗，葉子上的腺體已經黏住昆蟲。（台灣 金門縣）
4　寬葉毛氈苔的成株，可以發現與小毛氈苔的葉型完全不同。（台灣 金門縣）
5　與穀精草（*Eriocaulon* sp.）長在一起的寬葉毛氈苔。（台灣 金門縣）
6　居家培養的毛氈苔，使用足夠的光源與保持溼度就可以活得不錯。（自宅）
7　腺毛草又稱為彩虹草（*Byblis* sp.），是居家除蟲好幫手，在我的工作室角落黏滿各種蚊蟲。（自宅）

許多小型昆蟲被具有消化功能，晶瑩透亮的腺體黏住

棲地裡較為大棵的長葉茅膏菜植株，近40公分高，葉子黏到許多昆蟲。（台灣 新竹縣）

亮晶晶的捕蟲者：長葉茅膏菜

Drosera indica L.

其實台灣食蟲植物裡最想看到的是茅膏菜（*Drosera peltata* Thunb.），因為曾在國外見過那麼美妙的姿態，倘若台灣就有，沒道理在自己的土地上沒看過！資料顯示最後一筆觀察紀錄在北投，曾經花了許多時間在可能出現的地點來回找尋，從田埂到積水處、修車廠到大排水溝邊，想要見到它嬌小可愛的模樣，可是數十年過去，都沒人再次發現，心裡想著：「憑什麼我能找到？」常常站在關渡平原望向四周發呆，幻想它就在腳邊，只是枯草劑、稻田休耕、土地開發，將它永遠驅離這片土地。

既然找不到茅膏菜，只好將目標轉往長葉茅膏菜，兩個種類各有特色，「長葉」顧名思義，跟茅膏菜相較起來葉子真的長多了，葉上的腺毛更多，分泌的消化液透著光，就像掛滿一顆顆的水晶，耀眼奪目。對我們來說是驚喜，對昆蟲來說則是死亡陷阱，萬一沾上，可就變成植物的養分。

第一次觀察是在新竹蓮花寺溼地。砂質的環境帶著流水，觀看水色與水質，確實感受到貧瘠，現場幾乎沒有腐植質，大部分是禾本科（Poaceae）植物，其他就是地上的寬葉毛氈苔與長葉茅膏菜。照理來說，這樣的環境很容易因為草長得快而覆蓋整片棲地，與金門的長葉茅膏菜棲地是一樣的。這類植物生長的環境很容易因為陸化、植物開始生長，或是土地開發填土而導致滅絕，雖然知道許多單位與玩家手上都有保種，但無法在原棲地看到，心中總有一種落寞的感覺。

有關這類植物的栽種，我家的陽台因為秋、冬季沒有足夠光照，而且風大容易帶走環境溼度，植株狀態的表現都很差，甚至因為溼度與光照不足，造成植株衰弱而死亡。自從使用室內光源與植物用燈具後，高光度與溼度的問題得到解決。

種植在室內的方式以維持溼度為主，放置於透明整理箱中，加上腰水的方式栽培。初期看這些食蟲植物沒什麼動靜，真的有點害怕，相對其他植物在這樣高光環境已經一段時間，都生長得還不錯。果然三周後發現，豬籠草、狸藻、捕蠅草新芽開始動了，捕蟲菫葉子也慢慢變紅，連豬籠草的葉子也變紅（甚至變黑），原本的擔心變成期待。如果您的種植環境跟我一樣無法兼顧溼度與光照，或許可以考慮種在室內輔以人工光源，讓植物能正常生長。

1　原生環境中的長葉茅膏菜，被夕陽照的閃閃發亮。（台灣 新竹縣）

2　一隻雙翅目的昆蟲黏在葉子上，將慢慢轉變為養分。（台灣 新竹縣）

3　準備開花的植株，花朵為白色帶粉，相當素雅。（台灣 新竹縣）

4　溼地環境的植株，可看到被黏到的細蟲。（台灣 金門縣）

5　茅膏菜美麗的姿態，曾存在台灣這片土地上。（柬埔寨 波哥國家公園）

6　飛行能力良好的小灰蝶（*Pseudozizeeria* sp.），用力地鼓動翅膀，也無法逃離黏液陷阱。（台灣 金門縣）

7　茅膏菜的葉子呈現半月狀，葉上有許多腺毛分泌黏液。（柬埔寨 波哥國家公園）

8　可看出背景沙質的環境，幾乎沒有落葉腐植，非常貧瘠。（柬埔寨 波哥國家公園）

附生在岩壁上的南台灣秋海棠（*Begonia austrotaiwanensis* Y.K. Chen & C.I Peng），正開出美麗的粉紅色花朵。（台灣 屏東縣）

森林調色盤：秋海棠

Begonia spp.

　　從小對秋海棠的認知僅於長者口中的鹹酸仔（台語）。這是一種在台灣各地淺山，溼度較高的林下植物，常在口渴時取一段葉梗，稍微咀嚼後鹹酸的汁液盈在口中，立即有解渴的效果（植物中含有草酸，可淺嘗勿過量飲食）。這是台灣秋海棠，別名為水鴨腳秋海棠。

　　之所以對秋海棠感興趣，是因為設置了幾個雨林植物缸，希望種植一些葉子顏色美麗，具觀葉價值的種類。當時收集的方式除了逛花市、拍賣網搜尋，再來就是同好間的交流。「塔內植物園」是許多玩植物同好流連忘返的大型討論區，各種不同的植物分門別類。瀏覽雨林植物版時，最愛欣賞各種美麗的秋海棠，其中孔雀秋海棠（*Begonia pavonina* Ridl.）讓我特別喜愛，葉面泛著高貴藍色金屬光澤深深印入腦海！因此前往馬來西亞時，特別造訪好友曾觀察過的地方找尋。我們搭著車在蜿蜒的山路上，司機循著好友指示，來到當地知名景點瀑布附近，一個山壁滲水處停車後，沿著山壁邊緣找尋，還要不時閃避過往的車輛，但一直未看到深印腦海的藍光，大概半小時後便放棄找尋。時過境遷，或許這片山壁曾發生崩塌，以致原本生長在此的孔雀秋海棠消失了。

　　雖然沒找到，但旅程興致不減，好友熟門熟路帶我前往下一個步道探索。這條步道還算好走，植物相讓人振奮不已，入口就發現小型豆蘭、蟻蕨還有夾竹桃的植物共生，一路邊走邊拍，下坡路段蠻輕鬆，但經過林下必須特別小心，因溼度高、石頭上長滿青苔，不小心就會滑倒。這裡的植物組成也跟入口端不同，開始出現滿滿的卷柏（*Selaginella* spp.）、樓梯草（*Elatostema* spp.），此時看到前方鳳仙花（*Impatiens* spp.）下有一道藍色光澤，原以為自己看錯，走的越近藍色越多，心裡想著，不會是孔雀秋海棠吧？好友走來愣了一下，突然欣喜大喊：「找到了！」這一整片都是我們要找的目標物！

　　找尋拍攝目標時發現，越是林下沒有光線的植株，金屬藍色光澤越加耀眼！正在讚嘆植物怎能顯現出這樣炫目的藍光，好友在旁補充這是「結構色」，至於結構色是什麼？因為網路上可以查到資訊，我就不贅述。反而是孔雀秋海棠為什麼會反射出藍色，這點比較特別。原來在雨林底層生活大不易，絕大部分光線都被高大的樹冠攔截，經過層層阻擋，林下植物幾乎都光照不足，尤其是植物生長需要的波長。孔雀秋海棠葉片表皮細胞的結構虹彩體，排列方式較其他植物的虹彩體整齊，這樣的排列結構剛好能反射特定的波長而顯現出藍光，

除此之外，還增加吸收較長波長的光線（紅光與綠光），可提升光合作用效率幫助植物生長。超美藍色反光的背後竟然是為了存活的機制，雨林植物為了生存，各自演化出獨門絕招。想到這裡，就算再辛苦地跋涉找尋，能在產地拍下最美的它，也覺得非常值得！

幾次在網路上購買秋海棠，其中孔雀秋海棠和其他種類比起來，幾個原生種都特別怕風大，風會帶走溼度，只有種在溫控房的生態缸，狀態才會比較好。記得有一年在農曆過年期間收到網購包裹，將孔雀秋海棠種植悶缸中，放置在陽台低光環境，可能因為低溫溼度恆定，長得比想像中的好，葉面顯露出漂亮的寶藍色反光，可惜當年比較忙，直到 5 月天氣轉熱才想起，缸中的植株早已受不了悶熱而水解消失。

建議想要收集秋海棠的朋友，先嘗試花市販售的園藝種類，價格通常不高，如果栽培狀態不錯再慢慢增加種類。除非您有得天獨厚讓它生長的環境，或是有間隨時開著冷氣保持 25 度的冷房，這樣許多嬌羞的種類才不會一下子就香消玉殞。

1　地上整片藍色光澤，讓人看得目瞪口呆，這就是孔雀秋海棠的魅力！（**馬來西亞 彭亨**）
2　栽培於室外微環境的秋海棠植株（*Begonia sp.*），顯露出光芒耀眼的藍。（**好友家**）
3　環境中最陰暗的角落，躲著一株藍到極致的個體。（**馬來西亞 彭亨**）
4　栽培於冷氣房中的個體，顯露出漂亮的藍。（**雨林植物達人夏洛特家**）
5　生長在較為明亮的岩石上，葉面反射光澤不若陰暗處的亮麗！（**馬來西亞 彭亨**）

6　原產南美洲的巴西秋海棠（*Begonia hirtella* Link），
　已在台灣歸化，在很多地方可發現。（台灣 台北市）
7　迷你的植株加上深色葉脈與濃密的細毛，是這種秋海
　棠（*Begonia conipila* Irmsch. ex Kiew）最吸引人的
　特色。（馬來西亞 砂勞越）
8　秋海棠葉面白色斑點搭配低調的藍色反光，令人無法
　自拔的美。（馬來西亞 砂勞越）
9　葉面在陽光下展現高級絨布的質感，是秋海棠
　（*Begonia erythrogyna* Sands）的特色！（馬來西
　亞 沙巴）

10　從發現到發表，充滿故事性的黑武士秋海棠（*Begonia darthvaderiana* C.W. Lin & C.I. Peng）。（**馬來西亞　砂勞越**）

11　栽培在高溼度雨林缸中的伯基爾秋海棠（*Begonia burkillii* Dunn），展現出良好的生長狀態。（**自宅**）

12　生長在森林底層岩石上的巴達旺秋海棠（*Begonia padawanensis* C.W. Lin & C.I. Peng），遠遠看就像一群蝴蝶飛舞。（**馬來西亞　砂勞越**）

13　栽培於半水生缸中的秋海棠，看看有幾種？

14　從美麗的葉紋，就能知道中文名稱綠點秋海棠（*Begonia chlorosticta* Sands）的由來。（**自宅**）

這個角度的棣慕華鳳仙花，可以看到花朵向後延伸的「距」。（台灣 新竹縣）

美麗的花葉大賞：鳳仙花

Impatiens spp.

　　一般大眾對於非洲鳳仙花（*Impatiens walleriana* Hook. f.）應該相當熟悉，這是相當常見的園藝植物，可能太過於常見，以至許多人以為這是台灣原生的種類。多年前曾帶著家人在山區步道散步，一位志工介紹地上的植被，說：「這種原生的鳳仙花，可以看種子到處噴飛喔！」便摘下它的蒴果，在大家面前表演「爆裂噴秀」。成熟的鳳仙花蒴果只要輕輕一碰，裡面的種子就會爆開四散，這是它的傳播策略。但志工可能沒意識到自己說錯了，因為非洲鳳仙花原產地是在非洲，並非是台灣原生的植物。小時候常摘取鳳仙花的花瓣，在手中用力揉壓後，將擠出的汁液抹在指甲上，就像是塗了指甲油一樣，相信這是每個小女生都喜歡的遊戲。

　　台灣有沒有原生的鳳仙花？目前台灣紀錄有三個種類，分別是較為常見的紫花鳳仙花（*Impatiens uniflora* Hayata），台灣全島中低海拔山區皆有分布；黃花鳳仙花（*Impatiens tayemonii* Hayata）的花朵鮮豔美麗，但生長海拔較高，族群數也較少；棣慕華鳳仙花（*Impatiens devolii* T.C. Huang）則是三種鳳仙花中分布最狹隘的種類，在觀霧特定區域才能看到，但幾位熱愛植物的好友分享，觀霧附近相同海拔的地區也能發現。這三種鳳仙花的花形、花色各有不同，生長環境條件也不一樣，但在觀霧地區卻可同時見到三種台灣的原生鳳仙花，也讓我跑一個地點就完成紀錄。長年在東南亞幾個國家旅遊，每每到山區就會注意森林底層的開花植物，由於鳳仙花的花色非常鮮豔，便成為我在野地特別紀錄的目標。

　　關於鳳仙花的栽培確實讓人氣餒！當年將陽台營造成類似雨林環境時，自負於環境溼度控制得還不錯，而且夏天不會太熱，便向好友要了幾種原生的鳳仙花的莖節回來種植，沒想到自豪的環境對這些嬌客來說，竟是直接水解融化的地獄。後來開始玩植物生態缸，因為放在溫度控制的室內，所以再度厚臉皮要了幾段莖節，這次撐得比較久，雖然莖節看起來好像沒事，但發根長葉速度很慢，直到進入冬季，植株的狀態才恢復得快一點。最後改用悶箱放置空調控制的工作室才長得比較好，但只要溫溼度不小心變化過大，就會再度水化溶解。現在回想起來，種植的都是東南亞雨林種類，原棲地條件多半是雲霧帶或較高海拔，而低海拔森林的種類則是溼度超高又恆定的環境，若沒有低溫房或環境非常好的溫室，建議先不要栽種鳳仙花。

1　棣慕華鳳仙花的正面，花色嬌嫩。（台灣 新竹縣）
2　黃花鳳仙花開花時，很難不注意到它的黃色花朵。（台灣 花蓮縣）
3　雲霧帶森林地層的鳳仙花（*Impatiens oncidioides*），鮮黃的花色相當吸引人。（馬來西亞 彭亨）
4　神山特有種的鳳仙花（*Impatiens kinabaluensis*），花型如同米老鼠帶著領結，非常可愛。（馬來西亞 沙巴）
5　紫花鳳仙花的盛花期，讓森林底層變得亮麗！（台灣 新竹縣）
6　紫花鳳仙花的花朵側面如同樂器般的造型。（台灣 新竹縣）
7　在海拔 1300 公尺的森林底層，發現花色嬌豔的小型鳳仙花（*Impatiens santisukii*）。（泰國 清邁）
8　鳳仙花喜歡生長於溫溼度適宜的環境，較容易觀察數量可觀的開花株。（馬來西亞 沙巴）

數種大型鹿角蕨布置的牆面，是不是非常有雨林的氛圍！（台灣 台北市立動物園）

氣勢姿態迷人：鹿角蕨

Platycerium spp.

鹿角蕨是一種蕨類，分類為水龍骨科（Polypodiaceae）鹿角蕨屬，主要產於熱帶和亞熱帶地區，目前有十八個已發表的原生種類。它們生長在森林的樹幹上，具有抓附性的根系，將自己牢牢附著在樹幹上，以特化的營養葉（收集葉）承接掉落的落葉腐植質與有機物（包含動物排遺或屍體）為營養。雖然原產於溫暖、高溼的雨林，但對環境適應力很強，向來多被植物愛好者栽培，也運用於建案、園藝造景。這篇也會和大家聊聊我栽培鹿角蕨的方式。

十多年前，我曾瘋狂的收集鹿角蕨。當時因開設昆蟲店門面陳列需求，特地找尋較大的雨林植物，垂墜在森林中的鹿角蕨所散發的氣質，馬上引起我的注意。一開始購入大型又好照顧的皇冠鹿角蕨（*Platycerium coronarium*（O. F. Mull.）Desv.）、女王鹿角蕨（*Platyceriume wandae* Racib.）為種植標的，後來覺得應該集滿十八種才算玩過鹿角蕨，所以開始一種一種的收集。當年最難找到的有三個原生種，分別是安地斯鹿角蕨（*Platycerium andinum* Baker）、四叉鹿角蕨（*Platycerium quadridichotomum*（Bonap.）Tardieu）、非洲猴腦鹿角蕨（*Platycerium madagascariensis* Baker），這三種有個共通點就是怕熱，到了夏天如果沒顧好，很容易整棵衰敗，最後變成「咖啡色的永生鹿」。其中非洲猴腦小小一棵，直徑約 5 公分就要價 5000 元，但當時只想收集完十八種，就算是完成這項興趣了。殊不知再回坑鹿角蕨，已是挑選特殊表現個體、知名交配品種還有培育美型植株能力的年代。之前種植的方式，主要使用蛇木板搭配水苔，或橡木皮樹皮板（初生樹皮），現在種植可使用的板材玲瑯滿目，只要環境沒問題，用什麼方式上板都可以，更增添許多樂趣。再回鹿角蕨坑，是因為《上山下海過一夜》節目中的共同主持人之一艾美。有天她發訊息給我，大意是問想要種鹿角蕨，要去哪裡買？就這樣重新開啟我回到栽培鹿角蕨的人生。原本心想不就是那十八原種嗎？但艾美說了很特別的術語「普哇」，想著要不是俗稱為普鹿的二叉鹿角蕨（*Platycerium bifurcatum*（Cav.）C. Chr.）就是爪哇鹿角蕨（*Platycerium willinckii* T. Moore）。後來爬了資料才豁然開朗，原來這十多年有許多交配種出現，普哇就是兩者混播孢子*出現的

---

*將兩種或多種不同鹿角蕨的孢子混和後播種，若混種成功，會同時具有不同的兩種或多種特徵性狀。以普哇為例，同時具有普鹿（二叉鹿角蕨）孢子葉（手）特徵，與爪哇鹿角蕨營養葉（臉）有冠的特徵。

雜交品種，也結合兩個種類特別的性狀。以普哇來說，孢子葉同時具有二叉鹿角蕨深色葉脈與爪哇較多分岔的外觀，不像爪哇般的垂墜而是高挺的姿態，個體不同外觀皆稍有差異，營養葉則是承襲了爪哇具有高冠的外觀。好好栽培成株的表現亮眼，加上耐熱耐寒長得快，價格也相當適中，可說是鹿角蕨新手最適合入門，也是個人喜好蒐集的品種之一。

後來真正大量收集的種類是爪哇鹿角蕨，整體外觀與垂墜的氣質，加上不同產區與個體的孢子葉表現千變萬化，細長粗短、環肥燕瘦，有許多表現獨特的個體，便有玩家另外為其取名。例如：汪娜栽培命名的黃月（*Platycerium willinckii* 'Yellow Moon'）就是從野採的爪哇中挑選出的知名個體；汪娜還有一棵雷電（*Platycerium* 'Rydeen'）由 Mt.Lewis 與澳洲銀鹿配出來的個體，特色是孢子葉有著 Mt. Lewis 的藍綠色，末端非常多分岔的表現，營養葉承襲了澳洲銀鹿高聳細尖冠特徵，優異的外觀還得到泰國蕨類大展的最大獎項。

個人收藏幾棵滿有特色的個體，例如台灣知名園子「鵡力對蕨」培育的爪哇孢子苗，成株後具有濃厚白毛的性狀，取名為白月（*Platycerium willinckii* 'White moon'），是目前收藏的鹿角蕨中，孢子葉最白、最美的個體。嘉義知名園子「絕情谷」收藏一棵爪哇鹿角蕨，成株外觀非常迷你，絕對可稱為侏儒的野採個體，取名為 Nano（*Platycerium willinckii* 'Nano'），個人也是排隊約半年才取得側芽。另外也收藏知名鹿角蕨培育家，日裔巴西籍鐵蘇塔先生所培育的數個種類，其中以孢子葉分岔多，白毛也多的塞爾索（*Platycerium willinckii* 'Celso'）。還有非常怕熱，但孢子葉分岔以及營養葉高冠表現，都相當讓人激賞的佩德羅（*Platycerium willinckii* 'Pedro'）。馬來西亞知名培育家馮先生所培育的馮詩琪（*Platycerium willinckii* 'Foongsiqi'），成株長出孢子後，葉子末端會倒捲為其特色，另一株鹿角蕨（*Platycerium willinckii* 'SSFoong'）則是孢子葉擁有無限分岔，讓玩家為之著迷。日本知名園子「comolebi_plants」運用許多特別的方式栽培鹿角蕨，讓原本就充滿特色的種類或品種，型態變得更加迷人而聲名大噪。許多玩家級的鹿友紛紛從日本進口植株，以期培育出一樣型態的植株。

這裡建議入門的朋友可以從原生種類開始種植，如果有大空間可以挑選女王鹿角蕨、巨獸鹿角蕨（*Platyceriume grande* J. Sm.）、何其美鹿角蕨（*Platyceriume holttumii* de Jonch. & Hennipman）等大型鹿角蕨；如果喜歡型態飄逸垂墜的可以從爪哇鹿角蕨、皇冠鹿角蕨、二叉鹿角蕨開始；另外安地斯鹿角蕨、四叉鹿角蕨、非洲猴腦鹿角蕨較為怕熱，則不建議入門種植。右頁列出鹿角蕨種類一覽表供讀者參考。

種類／學名	產地	型態
安地斯鹿角蕨 *Platycerium andinum* Baker	南美洲安地斯山脈	多芽型
圓盾鹿角蕨 *Platycerium alcicorne* Desv.	非洲、馬達加斯加、模里西斯	多芽型
二叉鹿角蕨 *Platycerium bifurcatum*（Cav.）C. Chr.	新幾內亞、爪哇、澳洲	多芽型
皇冠鹿角蕨 *Platycerium coronarium*（O. F. Mull.）Desv.	東南亞廣泛分布	多芽型
象耳鹿角蕨 *Platycerium elephantotis* Schweinf	非洲	多芽型
愛麗絲鹿角蕨 *Platycerium ellisii* Baker	馬達加斯加	多芽型
巨獸鹿角蕨 *Platycerium grande* J. Sm.	馬來西亞、菲律賓	單芽型
深綠鹿角蕨 *Platycerium hillii* T. Moore	澳洲、新幾內亞	多芽型
何其美鹿角蕨 *Platycerium holttumii* de Jonch. & Hennipman	馬來西亞、寮國、泰國、柬埔寨、越南	單芽型
非洲猴腦鹿角蕨 *Platycerium madagascariensis* Baker	馬達加斯加	多芽型
亞洲猴腦鹿角蕨 *Platycerium ridleyi* Christ.	馬來西亞、婆羅洲、蘇門答臘	多芽型
三角鹿角蕨 *Platycerium stemaria*（P. Beauv.）Desv.	非洲、馬達加斯加	多芽型
巨大鹿角蕨 *Platycerium superbum* de Jonch. & Hennipman	澳洲東部、東北部	單芽型
四叉鹿角蕨 *Platycerium quadridichotomum*（Bonap.）Tardieu	馬達加斯加西部	多芽型
立葉鹿角蕨 *Platycerium veitchii* C. Chr.	澳洲	多芽型
蝴蝶鹿角蕨 *Platycerium wallichii* Hook.	緬甸、印度、泰國、中國雲南	單芽型
女王鹿角蕨 *Platycerium wandae* Racib.	新幾內亞	單芽型
爪哇鹿角蕨 *Platycerium willinckii* T. Moore	爪哇	多芽型

1　日夜溫差高達 15 度的海岸林環境，皇冠鹿角蕨硬是撐著活下來。（**馬來西亞 砂勞越**）
2　生長在雨林中的皇冠鹿角蕨嶄露出美麗的樣貌。（**馬來西亞 砂勞越**）
3　鹿角蕨常會與其他植物共生。圖為皇冠鹿角蕨與書帶蕨（*Haplopteris* sp.）。（**馬來西亞 砂勞越**）

4　鹿角蕨在東南亞是非常容易見到的庭院造景植物。圖為巨獸鹿角蕨。（菲律賓　宿霧）
5　鹿角蕨的營養葉（收集葉或玩家稱為「臉」）網絡狀的葉脈非常美麗。（自宅）
6　營養葉乾掉後的紋理與質感是另一種欣賞的樣貌。
7　目前已知世界最小的爪哇鹿角蕨「細菌」。（花草空間農場）
8　成株不到 50 公分的侏儒姿態，讓許多玩家追逐的爪哇鹿角蕨「玉女」（*Platycerium willinckii* 'Jade Girl'）。（花草空間農場）
9　被稱為「無臉哇」（*Platycerium willinckii* 'Little will'）是個人非常喜愛的小型鹿角蕨。
10　鹿角蕨為咖啡廳、餐廳、居家空間的綠化植物，但種植時需考量光照與溼度。圖為何其美鹿角蕨 。（台灣　金門縣）

11 許多庭園餐廳喜歡種植鹿角蕨綠化環境。圖為園藝種鹿角蕨。（台灣 台南市）

12 蝴蝶鹿角蕨的孢子葉（手），非常對稱好看。（雨林蕨饗展覽現場）

13 三角鹿角蕨（*Platycerium stemaria*（P. Beauv.）Desv.）的整體形態常讓初學者誤判為安地斯鹿角蕨，兩種可由葉面毛量多寡來分辨。

14 十八個原生鹿角蕨種類中，女王鹿角蕨是體型最大的單芽型種類。（雨林蕨饗展覽現場）

15 購自鵠力對蕨的白月側芽，跟母株一樣葉面的星狀白毛相當濃密，是不可多得的特選白個體！（自宅）

16 植株袖珍，姿態婀娜美麗的爪哇鹿角蕨「珍妮」（*Platycerium willinckii* 'Jenny'）。（台江蘭園）

17 亞洲猴腦鹿角蕨（*Platycerium ridleyi* Christ.）因其二型葉（營養葉、孢子葉）非常具有特色，是鹿友人手一棵的原生種類。（雨林蕨饗展覽現場）

18　馬來西亞知名栽培家所培育的「馮詩淇」，孢子葉末端捲起為其特徵，所以又稱捲捲鹿。（花草空間農場）
19　馬來西亞知名栽培家所培育的「SSFoong」，孢子葉末端分岔多為其特徵。（花草空間農場）
20　這是目前看過最美的鹿角蕨網紅牆！爪哇鹿角蕨垂墜分岔的孢子葉真是氣質滿分。（花草空間農場）

淺談組培苗、孢子苗與側芽（根芽）

　　繁殖鹿角蕨有幾種方式，有一種完全複製母本的無性繁殖方式，叫做組織培養苗（組培苗／分身苗），是以母本的細胞或組織，在適當的條件下做培養（溫度、溼度、光照、培養基），使它成長、發育、分化，最後獨立發育並且分化成為完整的植物，成體就是母本的複製品，與母本有相同的性狀。例如個體「塞爾索」、「SSFoong」的組培苗，每一棵在相同條件下長成後，都具有多分岔與白毛的特色，市場稱為「組培苗」，英文 Tissue culture 亦可簡稱 TC。

　　另一種則是由母本的孢子在無菌狀態下播種，通常使用泥炭土或水苔，經過高溫殺菌的過程，冷卻後才將孢子撒入，最後生產出來的小苗，無法完全跟母本相同，但也有可能顯現超越母本的個體，市場稱為「孢子苗」。

　　最後就是由母本自體無性生殖的側芽，如果種植多芽型的種類，當植株的根部竄出介質見光後，會變成綠色的點狀物（芽點），初期大小約 1 至 2 公釐，倘若沒細看會以為是真菌的黴點，之後開始長出營養葉或孢子葉。建議兩者都已長出後，為適宜的拆芽時機，拆下時需注意根系狀態，脫離母株後盡量留多一些根系，能避免植株因根系不足脫水而衰敗。

21 多芽型的鹿角蕨，根系竄出介質見光後發展成根芽（側芽），每個芽點都可長成獨立一株，與母株的特徵性狀相同。圖為爪哇鹿角蕨。（自宅）

22 有時太多根芽（側芽）會影響植株美觀，建議長到適當大小時拆下另外種植，避免如圖發生被母株蓋過的情況。圖為爪哇鹿角蕨。（自宅）

23 組織培養的小苗可複製與來源植株相同的性狀與特徵。圖左為侏儒捲葉女王，右為爪哇鹿角蕨「塞爾索」。

24 爪哇鹿角蕨「塞爾索」的組培苗養大後，孢子葉（手）末端的分岔開始出現。

25 經過一個月長成一片綠油油的配子體（圓葉體）。

26 播孢子前先將泥炭土煮過。

27 封口袋裝的是數種鹿角蕨混合的孢子。

28 密閉小空間先使用 75% 酒精殺菌，再將煮過冷卻的泥炭土撈出使用。

29 使用工具稍微整形。

30 盡量均勻撒入孢子。

31 將蓋子蓋緊。

32 蓋子的四個角落打孔透氣，置於不要照射到陽光的光亮處即可。

33 如果發現真葉出現，就可以分苗移出照顧。附帶一提，當時給的肥分太多，造成藻類滋生蓋過配子體，導致整盒報銷。

34 移出的真葉種植於小水草盆，放置於溼度恆定的環境成長。

綁鹿球照顧側芽

因為曾有慘痛的側芽全滅經驗，所以建議如果拆下側芽，根系留的不夠或是沒時間直接上板，最好以水苔與透氣料將根部包覆成球狀（包鹿球）。

透氣料由細蛇木屑、細椰纖塊、細樹皮塊、碎水苔、緩效肥料組成，主要是提供根系呼吸的介質。包鹿球時先將側芽根系整理，再使用水苔將根系包覆，盡量不讓根系露出，並搭配棉線纏繞，包覆時要注意力道，避免纏繞太緊造成根系斷裂，待根部呈現團狀後，再使用水苔，如同包飯糰的方式將透氣料包覆在根團與水苔間，補上水苔使用棉線繼續纏繞，到最後呈現球狀即可泡水，鹿鹿球吸滿水後拿出瀝乾，放置明亮通風處，當營養葉與孢子葉開始生長，即可上板。

35 使用透氣料與水苔綁成的鹿球，可確保剛拆下的根部保持溼度，是照顧根芽（側芽）的好方法。

36 包鹿球方法：1. 準備一塊布或塑膠袋，將拆下的根芽（側芽）放置旁邊備用。
37 包鹿球方法：2. 先鋪平適量水苔，放上自行調製的透氣料，再將側芽放置於中間。
38 包鹿球方法：3. 將兩側慢慢拉起包住側芽，並輕輕施壓讓水苔稍微固定。
39 包鹿球方法：4. 使用棉線將水苔綑綁成為球狀，不要散開即可。
40 將所有拆下的側芽綁成鹿球養根。

鹿角蕨育苗心得

「細菌」（*Platycerium willinckii* 'Bacteria'）是知名的植物培育家黃國源先生從野生爪哇鹿角蕨裡挑選到的個體。相較於爪哇鹿角蕨正常植株，它的外觀非常迷你如同細菌一般而得名，是玩家追求最極致的侏儒外觀個體。

2020 年 3 月剛回到鹿角蕨圈的我也想一親芳澤，喜好者眾多但側芽難求，心中希望收集的念頭更是蠢蠢欲動，相信很多收藏家與玩家也了解這心情。2020 年 4 月國源兄經營的「花草空間農場」發布販售細菌爪哇的孢子苗，標示一杯至少有十棵以上的苗，由照片資料顯示透明杯中的一小叢苗，每棵植株大小應該 1 至 5 公釐，心裡想著到底有沒有能力育苗？後來在好友沈啟東（東哥）專業的建議下，入手一杯學習如何培育。回想自己在野外看過許多蕨類萌發新芽的環境，陽台花園也曾有蕨類或蘭花自行萌發，加上工作室的雨林植物缸也種過不少植物，心裡有一定的認知。

育苗初期必須使用室內燈光為主，加上照料有東哥特別製作專用的育苗盒，讓叢苗在一個月內大了一倍，於是進行分苗，將苗種植水草盆，並且使用育苗專用的紐西蘭水苔與大型育苗悶箱，這段期間應該是栽培方式正確，加上工作室的溫度控制得宜，小苗在一個月後變成葉子超過 1 公分的中苗。這時每棵各自種在盆中，並在水苔靠近芽點處，依植株大小放置一至五顆不等的緩效肥料，每天固定幫每一盆水苔噴水，讓水帶動肥分，避免造成肥傷。當年 7 月，有幸在國源兄不對外開放的農場親眼目睹細菌鹿角蕨母株這樣珍奇的植株，心裡想著一定要好好照顧這些苗，雖然孢子苗（實生苗）長大後的外觀大小不一定與母本長得一樣，但還是充滿期待地種下去。截至交稿為止，我的細菌孢子苗已經有相當美麗的外觀與大小了。

很多朋友視育苗為畏途，大部分因為無法提供適宜的環境，導致過熱、太乾、刮風或蟲害，造成植株衰弱死亡。以個人經驗分享，只要手上有透明的塑膠箱或玻璃缸，如果沒有蓋子，使用保鮮膜也可以，便可在家準備育苗，讓小苗生長的速度提升。箱子底部鋪滿育苗用水苔或泥炭土，或厚度約 1 至 2 公分厚的海綿，在箱子底部兩側各打一孔幫助排水，如果使用玻璃缸，最好能定期將水抽出，避免有機物堆積腐敗發臭。將盆植好的小苗放入，擺放於人工光源下，每日固定照射固定時間，每日朝箱中噴水霧，只要溫度控制好，就能培育出讓您充滿成就感的植株。

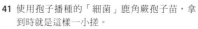

41 使用孢子播種的「細菌」鹿角蕨孢子苗，拿到時就是這樣一小撮。

42 照顧一段時間後就可以分開另外種植。

43 等每片葉子有 1 公分大，可以使用小水草盆獨立種植。

44 將育苗用水苔填充至小水草盆中，稍微整形後以尖頭鑷子在中間挖一個小洞。

45 將拆下的小苗根部塞進洞中。

46 空隙補好水苔，在旁邊放置一粒緩效肥。

47 種植好的小苗放進悶箱中管理。

48 從小苗栽培到可上板的大苗經過七個月。

49 千萬別忘了幫每盆放置花牌，避免將種類或品種搞混。

50 同一批小苗成長有快有慢，這五棵大苗同時盆植，大小還是有差。

51 爪哇鹿角蕨「細菌」孢子苗在中苗時期，孢子葉（手）的分岔就已經非常明顯。

52 已上板的大苗，展現出完全不同的生長速度。

53 目前已知爪哇鹿角蕨「細菌」孢子苗中最大的一株，分岔與大小都讓人驚豔。（攝影者 鹿角蕨栽培者 Fish wu）

種植鹿角蕨的小祕技

1. 二氧化碳栽培

　　由於種植「細菌」孢子苗的悶箱溼度非常高，箱中隨時都是凝結的水氣。想起曾經玩過一段時間水草缸，當時種植的都是需光亮較高的水草種類，除了燈具的要求外，還在缸中供應二氧化碳（CO_2）。高光、高肥加上二氧化碳，水草會長得比較好，所以把這個經驗用於栽培鹿角蕨小苗。

　　悶箱尺寸相當於標準兩尺魚缸，將悶箱蓋上的透氣孔全部封起來，只留一孔將管線遷入，在箱中角落放一個裝水的布丁杯，再把接上管線的細化器放入，每天以定時器設置開啟與關閉時間，每兩小時釋放一小時，每秒約一顆氣泡。種植截至目前為止，「細菌」孢子苗、「塞爾索」組培苗與剛拆下的側芽，生長速度與一般種植方式相比，確實較快。

2. 高強度光源栽培

　　置於室外的鹿角蕨及其他適合高光的植物，例如蟻蕨、豬籠草、某些蘭花，也是使用高光的方式栽培。舉幾顆知名的鹿角蕨品種為例：白月（鸛力對蕨）、塞爾索（多個來源）、Nano（蕨情谷）、佩德羅（多個來源），目前的種植狀況都還不錯，許多鹿友問是否有什麼特別的方法？其實就是高光、高肥，還有給水的控制。有些人對於高肥持保留態度，個人施用三種緩效肥，其中兩種（好康多、HB-101）會跟著透氣料一起在上板時包入，另外在水苔正上方放一包奧綠肥，以利澆水時達成施肥的效果。除此之外在每年春季與秋季時，每個月一至兩次使用液肥浸泡。到目前為止，植物的生長狀態都還不錯，但建議各位任何種植方式都必須知道自己的環境，不同的環境，施用的方式需要增減，避免過猶不及。

　　如果未來栽培空間增加，將會嘗試更多的實驗。目前查到的資料，光的波長由 400 至 520nm（藍色光線）有助植物根莖發展；610 至 720nm（紅色光線）對於光合作用貢獻最大。除了給予對的光源外，還有其他可控制的變因，如：環境溫溼度、光照時間、亮度、二氧化碳濃度、給肥方式，藉由不同對照組能從植物成長的表現，找出讓植物生長更好的模式。

話說回來，玩植物就是這樣，有玩家一擲千金，買一棵植物可能數千至數十萬不等，總會打趣說「錢沒有不見，只是變成喜歡的模樣」，萬一沒照顧好就變成土，所以必要非常用心與仔細，只要好好觀察植物的表現，一定可以讓您的付出有所收穫。我在自己的 YouTube「熱血阿傑黃仕傑 Gallant Man」頻道中，建立了「熱血種植物」清單，分享許多種植鹿角蕨的影片，包括爪哇鹿角蕨拆側芽實作、塞爾索鹿角蕨使用紐西蘭水苔上板實作、二叉鹿角蕨上板、馮詩淇鹿角蕨暴力拆側芽（照顧側芽方式）、佩德羅鹿角蕨上板（植床板）等等，歡迎有興趣的讀友們參考看看。

54　使用二氧化碳幫助小苗進行光合作用成長。

55　在悶箱中放置水盆，管子末端接上細化器，每日定時釋放二氧化碳。也可以直接置於箱中，效果無異。

56　房間中使用的高光照明，T8 晝光色燈管，全光譜植物燈管、T8 太陽色燈管。

57　室內育苗高光環境設置硬體範例：層架高度約 50 公分，悶箱含蓋子高度約 27 公分，悶箱頂距離燈具約 20 公分。

58　陽台種植高光環境硬體範例：由於陽台有固定的光源（非陽光直射），所以使用四支全光譜燈管設置架子頂端，幫全區植物補光，燈光距離最上層植物約 20 公分。

59　另外設置四顆 6000K 全光譜白光植物燈，直射四棵鹿角蕨，距離目標植物約 60 公分。

60　室內補光的植物，無論鹿角蕨、食蟲植物、雨林植物，都獲得良好的生長狀態。

61　爪哇鹿角蕨「Nano」與「馮詩琪」孢子苗的側芽，在給予足夠室內光照的情況，生長狀態非常良好。

慈菇（*Sagittaria sagittifolia* L.）的花朵潔白美麗，一眼就讓人認出來！（台灣 新北市）

留不住的水生植物

Aquatic plants

曾有一段時間非常瘋狂找尋水生植物，由於住在北部，活動地點以三芝、東北角一帶為主。當時最想找的就是水車前（*Ottelia alismoides*（L.）Pers.），希望能看到粉色的花朵，還有又大又寬的波浪狀沉水葉。於是只要有空便驅車前往可能出現的地點找尋，甚至帶著圖鑑請教當地人，可惜總無所獲。很多水田邊的水生植物都因為土地開發、用了太多「除草劑」或是水田廢耕不再引水後就消失了，其中不乏美麗、漂亮甚至稀有的種類。

台灣的水生植物種類繁多，有的生長在池塘裡，有的喜歡在清澈溪流中，更有只生長在特定的高山湖泊。植株形狀各具特色，特定的種類還分成水上葉與水下葉，但說到我們最容易接觸到水生植物的地方，就是在鄉間水田。這幾年跑野外時，看到水田我會習慣性停下車，找找田埂邊、溝渠旁，看看有沒有尚未紀錄過的植物。花形又大又美的種類實在難尋。好友吉哥說過有一種美麗又夢幻的水生植物，以前中部以北幾乎到處可見，它的葉子可以長比手掌大，外型呈橢圓形的波浪狀，隨著水流緩緩波動，讓人看了都想一起泡到水中跟著搖擺。而最精采的是它的花朵，如果好運遇到一整片水車前開花，看著粉紅色的花朵倒印在水面上才是一絕！吉哥說的這段話，我時時刻刻放在心上，只要有機會到新北市附近的鄉間觀察，就會特別注意水田裡是否有這美麗的水生植物，雖然每次都沒有找到，但是水草圖鑑中那漂亮的身影早就深印在腦海裡。

偶然的機會與朋友零星紀錄鳥類生態，只要有時間就跑到賞鳥的地點，嘴上說想碰運氣，也許可以遇到稀有的鳥類，倒不如說是偷得浮生半日閒，讓自己在自然的環境中放鬆一下。

一天來到「關渡自然生態公園」，進園時已經將長鏡頭裝好，打算遇到目標隨時按下快門。在園區中漫步繞行兩大圈，園裡設置的賞鳥牆都有喜好生態的朋友們在觀察，我也順利紀錄不少鳥類生態照。將相機中的照片檢視一番後，滿意地準備離開園區，突然看見生態池中有蜻蜓在飛，思量著紀錄一下也好。當我壓低身形蹲到池邊後才發現，池裡有一個記憶中挺熟悉，卻非常陌生的身影，該不會在這裡遇到那棵我遍尋不著的水生植物吧？再三確認植株的形態、葉子的形狀，還有水面上又大又粉的花朵後，果然是那棵吉哥說過、我在圖鑑上看過千百回的水車前。沒想到踏破鐵鞋無覓處，得來全不費工夫！就這樣把水車前美麗的身影紀錄下來。

有時生態的緣分是不可預期的，看過它的樣貌不久後，也如願在三芝鄉間紀錄自然環境的生態照，田溝裡的數量雖然不多，但已經心滿意足，由衷希望它們能在自然的環境中生生不息。

1　水面布滿紅色的滿江紅（*Azolla pinnata* R. Br.），剛好襯托出慈姑剪刀狀的葉子。（台灣　新北市）
2　水車前開出粉色的花朵，與水下的葉子相呼應。（台灣　新北市）
3　細緻美麗的花朵，現在野地不容易看到了。（台灣　新北市）

4 讓人驚豔的絲葉狸藻（*Utricularia gibba* L.）花朵。（台灣 台北市）

5 黑色部分是絲葉狸藻的捕蟲囊（沒錯！絲葉狸藻也是食蟲植物）。

6 在台灣只有少數湖泊可看到的稀有植物東亞黑三稜（*Sparganium fallax* Graebn.）。（台灣 新竹縣）

7 整片的圓葉節節菜（水豬母乳）（*Rotala rotundifolia*（Buch.-Ham. ex Roxb.）Koehne）粉色花海，現在也很難看到。（台灣 新北市）

8 現在很難在野地見到的窄葉澤瀉（*Alisma canaliculatum* A. Braun & C.D. Bouché）。（**台灣 新北市**）

9 有時可在潮溼的向陽山壁發現粉紅色花朵，這是可愛的圓葉挖耳草（*Utricularia striatula* Sm.）。（**台灣 南投縣**）

10 一年四季都是花期的台灣萍蓬草（*Nuphar pumila*（Timm）DC.），是相當美麗地台灣原生植物。（台灣 新北市）

11 桌上的佳餚「水蓮」，是台灣原生水生植物龍骨瓣莕菜（*Nymphoides hydrophylla*（Lour.）Kuntze）。（台灣 高雄市）

12 數十年前，在桃園的龍潭坤塘常能看到盛開的龍骨瓣莕菜。（台灣 高雄市）

植物倍增計畫

3
1

三色迷彩粗肋草莖進行分株，經過一段時間，美麗的葉面紋路開始出現。

人工播種

　　人工播種植物的繁殖方式好多，撇除高難度的組織培養，每個人在家都可以嘗試播種或以無性生殖方式繁殖。先來談談「播種」，播種是所謂的有性生殖，當植物開花後，花粉被媒介（蟲媒、風媒、水媒、人為）傳播，使雌蕊因而授粉，胚珠發育為種子，子房壁發育為果皮，種子與果皮共同形成果實，子房開始發育成為具有胚胎的種子，使用植物的種子來繁殖即為播種。

　　個人最早的播種時間是幼稚園，當時看到家裡裝在袋中的紅豆，覺得很有趣便抓一把在院子裡丟狗，被長輩發現後換得一頓臭罵，幾天後發現靠近盆栽的紅豆發芽了，長出白色的小苗有兩片綠色的葉子，到了幼稚園馬上開心地跟同學分享，回家後急忙去看我的新發現，卻怎麼找都沒看見，急得哇哇大哭，引來家人一頭霧水，現在回想起來，應該是被家裡養的雞或鴨吃了。

　　小學二年級要求種植物，我分到一小把綠豆，回家找了一個容器，放入溼透的衛生紙，將綠豆整齊排列在上面，幾天綠豆吸飽水分膨脹發芽了，經過幾日長成近 10 公分的豆芽，但因照射陽光，所以豆芽並非潔白的樣貌，而是布滿紫色褐色的點狀斑紋，最後當然用來祭五臟廟，這就是我在小時候最簡單的播種經驗。

　　正在愛好雨林缸的興頭上時，到處收集各類迷你或觀葉植物，用以種子播種，通常在花盆中挖深約 1 公分小洞，將種子放入再蓋上土，每日酌量澆水就可以等待發芽。現在習慣使用剪碎的水苔，原因是較好管理，手也不容易弄髒，待發芽後，連同根系旁的水苔一起移植到盆中即可。

1　育苗盆內鋪滿混合珍珠石的泥炭土，與播種一星期剛抽發葉子的小芽。
2　小芽經過十天快速成長，到了必須分盆的大小。
3　少量播種時，使用分隔盒較為方便，每格可依照種類與需求放一至五粒種子，再以少許的土覆蓋即可。
4　小學時期應該都做過的綠豆、紅豆播種，是不是記起跟植物的連結？

5　分岔美麗、白毛豐厚的爪哇鹿角蕨「塞爾索」，是我第一個想要倍增的鹿角蕨。（自宅）

6　不鏽鋼籃的構造非常適合鹿角蕨產生根芽（側芽）。

7　將鋼籃放置平面上，先鋪上水苔，再將鹿角蕨放進鋼籃。

8　填充適量水苔，並使用靜電膜包覆。

9　全部包覆完成，等三周後水苔較為定型，拆除部分靜電膜。

葉插

　　個人玩過最容易的葉插是落地生根，這類在葉子邊緣長出許多不定芽，只要接觸到土壤就會開始生長，若沒看到不定芽，可以剪下一片樹葉，插在溼度高的介質上，一段時間後長出根系，開始成長茁壯，這也是所有想要嘗試的人最不容易失敗的植物。有段時間瘋狂喜愛秋海棠，尤其是顏色美麗的種類，如果環境可以維持高溼度，只要剪下一片葉子，放在任何介質上，一段時間就可以長出根系。曾看過好友使用悶箱栽培，拔下一片秋海棠葉子放箱底（箱底鋪滿水苔），再使用小花牌刺破葉子，讓葉子出現許多裂開的痕跡，過一段時間這些葉子裂開的地方，紛紛冒出大小不一的植株，等根系夠粗壯再分株出來單獨種植即可。

1　秋海棠的葉子從基部切斷後，放於
　　光亮、控溫、溼度恆定的環境中，
　　便可長出新的一株。
2　石松的孢子囊穗或莖節只要在適宜
　　的環境中，很容易發根變成新的一
　　棵植物。
3　各種秋海棠的葉插倍增。

扦插

扦插也是小時候常用繁殖植物的方式。還記得是變葉木（*Codiaeum variegatum* (L.) Rumph. ex A. Juss.），挑選木質莖，上頭留幾片樹葉（太多要修掉），斜切後切口稍微放乾，插入土壤中放置有光但不要直射太陽的地方，每天澆水就可以變成一株新的植物。後來種植雨林植物時發現，不能像小時候插了放著。

例如在原產地加里曼丹已經滅絕的洗衣板著生杜鵑（*Rhododendron intranervatum* Sleumer.），其生育地為擁有完整森林的霧林帶。當時好友剪了一段「一支三葉」分享給我，千交代萬交代扦插後一定要放在溼度恆定的地方，光線也要足夠才容易發根。為此特別清空一個兩爬缸，將植物放置溫度控制與高光的工作室，過了兩個月果然沒讓人失望，葉子根系開始生長，成為一棵完整獨立的植物。

這兩年很夯的天南星科（Araceae）植物，只要膽子夠大加上環境許可，一株有多少莖節就能變成幾棵植物。曾經將一棵栽種多年的三色迷彩粗肋草（*Aglaonema pictum* (Roxb.) Kunth var. *tricolor* N.E. Br. ex Engl.），切成八等分，泡過以發根粉調製一定比例的水後，稍微風乾，再使用水苔包覆放進悶箱中，如果一切沒有差錯大概兩個月就可見到根系，新的芽頭也會從莖節冒出，感覺好像非常快，但切得越多節，恢復與成長花費的時間就越久，而且失敗率較高，建議第一次嘗試以每段三個莖節以上較為安全，避免一次全滅。

---

1 剪下一莖三葉的洗衣板著生杜鵑扦插，避免水分過度蒸發，所以將葉子剪除一半。
2 經過一段時間終於發根正常生長，讓忐忑不安的心得以放鬆。

1

2

分株

　　其實分株還算容易，簡單來說就是「將植物分開」，難的是如何怎麼分辨這棵植物已經能分成兩株或多株。以目前市場滿夯的三色迷彩粗肋草為例，一段時間後，會從根部發出新芽頭，待長成一定大小後，將其由介質取出後，植株基部根團開始觀察，由植株的根部確認分株有根系，即可準備剪刀將其分開。分株後會等傷口風乾再重新種植，避免傷口感染。

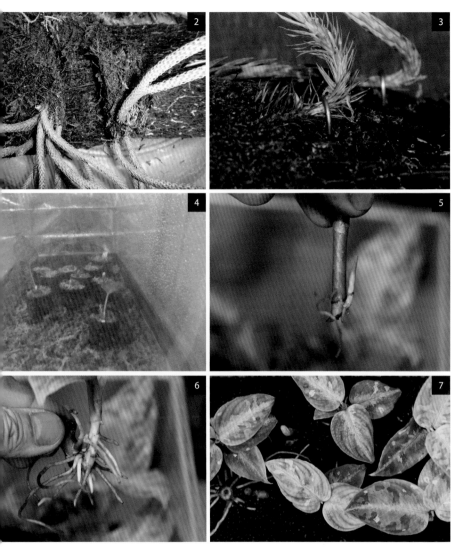

1　外觀與銳葉石松非常相似的石松（*Phlegmariurus* sp.）正準備分株，請避免剪到新芽頭。
2　一刀兩斷，各自上板。
3　採用高壓法，讓石松生出根系。
4　將三色迷彩粗肋草每隔兩個莖節剪成一段。
5　待切口乾燥後，插入適當的介植，約一至兩個月後就會發根出芽。
6　約三個月就能看到滿滿的根頭。
7　美麗的葉面紋路出現。

陽台或頂樓花園

4

小陽台的花架掛滿各種蘭花

陽台族如何簡單改造陽台來種植物？

　　寸土寸金的現在，住在都市的愛好者只能在陽台種植，若有大露台或頂樓可利用，就能放置更多植株，但要怎麼讓環境變得適合種植，就是本篇分享的重點。陽台植友通常有幾個問題：植物該怎麼放？光線是否充足或太晒、太通風溼度不夠、公寓社區太密集很悶熱等等，遭遇這些問題該怎麼處理？以自己在陽台種植物多年的經驗，露台與陽台環境比較相似，空間更大更好利用，而頂樓就必須考量更多。總而言之，首要問題是先了解自家可種植的環境狀況，再來選擇植物。

1　十多年前與植友共同打造的頂樓露台。鹿角蕨、石松、雨林植物，一直是非常合適種植的種類。（**植友宅邸**）

2　只需要一坪大小的陽台空間，就能完成自己的夢想花園。

晒衣架：移動方便

　　2020 年 3 月再回坑種鹿角蕨，當時沒想種很多，所以在賣場找合適的吊掛用品，由於不想在牆面鑽洞鎖釘，便將移動式與收納當作首要條件，發現晒衣架非常實惠，稍微改造一下就可吊掛 8 至 10 板的鹿角蕨，萬一夏天颱風來襲還能整組拉進家裡避風。賣場中找到一組雙層晒衣架附移動輪，僅要價 300 元，因為單桿吊掛植株會隨風搖晃，所以另外加購木條改造，以束帶鋁線協助固定，成為適合植株不多又方便移動的陽台吊掛架。

1　衣架的利用對於種植附生植物，如蕨類、石松、蘭花、毬蘭（*Hoya* spp.）及蟻植物，只要有點巧思改造一下，非常便宜又方便。
2　衣架的另一個好處是可以跟著光線移動，避免植物追光或暫時移到不晒的位置。
3　另一個好處是萬一颱風來了，方便把植株收進屋內（個人覺得是陽台族必備晒衣架）。

訂製花棚：可以依照陽台大小規劃

　　2010 年開始種植蘭花、石松這類附生植物，由於喜歡木頭紋理與質感，手繪簡單的設計圖，至大賣場選購規格化的長型木條，以簡單的方法 DIY 木製花棚。完成初期確實非常好用，可吊掛足夠植物兼具美觀的效用，預算也相當實惠，但植物多溼的問題隨之而來，木頭一段時間就會腐敗，幾乎每年要更換修繕，確實造成很大的困擾，2015 年因執行「跨出亞洲計畫」，而全部拆除。2020 年再種鹿角蕨，使用晒衣架三個月，因收集的種類與品種不斷增加，植株長大的速度又快，決定再次搭建棚架。網路上搜尋許多相關資訊，本想訂製氙管，但好友建議使用角鋼，一樣可以依照陽台狀態自行畫圖，訂製尺寸合適的花棚，角鋼的最大問題是澆水、風吹、日晒，非常容易生鏽腐蝕，幾經考量選用價格更高但一樣好用的白鐵角鋼（不鏽鋼角鋼），具有美觀、不銹蝕、再利用性高的優點，使用至今還沒找到缺點。

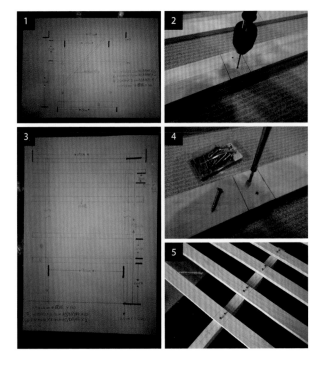

1　立體的陽台空間需要多幾張圖，將各處預計建置的花架做好規劃。
2　材料買回後，將組裝的位置畫上記號，需要使用螺絲固定的位置，用比螺絲直徑小的鑽頭來鑽孔。
3　想要在陽台利用空間種植物，先參考想要的模樣，畫出設計圖，將材料與尺寸丈量標示，就能事半功倍。
4　鑽孔後再鎖螺絲可避免木材裂開。
5　依照設計圖組裝。

6　製作好的木架放置於陽台的狀態（壁面無鑽孔固定）。
7　掛上各種石松與蘭花。
8　另一個小陽台的花架掛滿各種蘭花。

植床板：可以掛很多植物

　　利用陽台種植物時，曾考量以側邊牆面為主，設計整面使用植床板為吊掛植物的基礎，因為它便宜、堅固、透氣、好裁切，但固定植床板需要在牆面鑽洞鎖螺絲，個人認為破壞牆面結構影響美觀，便暫停施作。後來設計白鐵角鋼花棚時，將植床板規格納入考量，在每個橫架間隔固定一片，藉由這種方式節省白鐵角鋼預算，也確實發揮植床板功能，協助吊掛更多植物，有助花棚支撐穩定度。

1　植床板改造後做為附生植物的種植板材，兼具透氣、重複使用與便利性。
2　植床板背面加裝園藝網，水苔不易掉落好管理。
3　植床板主要用來吊掛或當作放置植物的板材，非常堅固又通風。

陽光過晒：加裝遮光黑網

　　通常夏天至秋天的西晒最可怕，植物經常會晒到發黃，甚至燒焦的狀態。我家陽台每年 5 月至 9 月中都會西晒大約三至四小時，因為夏天的溫度已經夠高了，如果加上西晒，植物非常容易晒傷，因此可以架設遮光網，目前有黑色、銀色、綠色可供選擇，至於是否架設遮光網或遮光多少百分比（40％至80％），要看您種的植物決定。架設遮光網後會影響一定程度的空氣流通，但溼度較容易維持，這部分也需要注意。

1　夏天的陽光過於
　強烈，可使用遮
　光網幫助植物度
　過夏天。
2　有了遮光網除了
　溫度會下降之外，
　植物也不會晒傷。

陽光不足：人工光源的選擇

　　有些植物需要的光更多，如果光照不夠會造成植物徒長，甚至生長不良的狀態，這時除了將植物移到合適的空間之外，另一個選項就是增設人工光源。以我的陽台為例，每年 10 月到隔年 4 月的陽光不足夠，所以在架設的花棚上增加人工光源，使用定時器控制時間，四組全光譜植物燈（紅光）16 小時恆亮，另外四組 6000K 白光每天早上 8 點開燈到晚上 6 點，足夠的光照維持植物的兩倍速生長勢，每周六晚間光線全關，讓植物們休息。

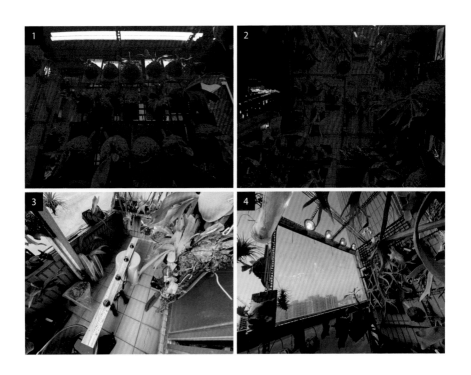

1　我的陽台花園因為光照不足，使用全光譜植物燈（紅光）補光。
2　另一個角度的陽台花園。
3　陽台花園都是自己評估與畫設計圖後，包含燈具在內全部獨自完成。
4　四顆植物燈照射四棵特定鹿角蕨補光，針對植物生理機制實驗用。

太過通風：使用透明塑膠布

　　較高樓層通常比較通風，很多雨林植物及需要高溼度的植物，在這種環境葉子會容易乾掉，甚至整棵縮小不見，最簡單的方式莫過於放一個小溫室就好，優點是便宜方便輕巧，但缺點是容易損壞。後來我在陽台使用較堅固的不鏽鋼角鐵架設花棚，再訂製堅固的透明塑膠布，布邊使用五金打孔可以將束帶綁在角鐵上，使用起來更堅固而且便宜，還能依照陽台大小來決定棚架尺寸，可放的植物更多。

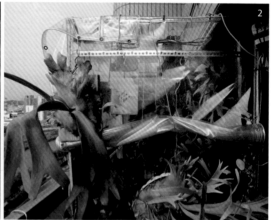

1　2020 年建置的陽台花園是白鐵角鋼構成，強度沒有問題，也可以訂製透明塑膠布預防冬季強大的東北季風。

2　依照自己陽台花園的狀態，設定一面在平常時可將塑膠布捲起。

太過悶熱：風扇

　　曾住過都市中的公寓，因為棟距不足，夏天時非常悶熱，看植物幾乎都要全部悶死了，有的蘭花甚至直接變黑，心裡很不捨，但其實只要加裝一台風扇，讓空氣對流就能改善太悶的情況。後來種了不少雨林植物，需要高溼度，便將噴霧水頭裝設在風扇上，藉由風力讓水霧散發的更快，使用後確實有降溫的效果（因為水蒸發帶走熱），而且空間中的溼度變得更高，也不用擔心植物因為颳熱風而乾掉。

1　使用噴霧頭加上定時器，維持環境溼度非常方便。

增加溼度的方法：很多植物、增加水盆

　　我的陽台非常通風，就算剛噴完水，周遭環境會在 10 分鐘內全部變乾，種植一些喜歡忽乾忽溼的種類固然不錯，但許多觀葉植物、雨林植物需要的空氣溼度夠高，有時葉面積水反而變成染病葉爛的主因。建議可以多種一些植物，每一盆或每一板都有介植，越多植物涵蓋的溼度越穩定，可以使用水盆養點小魚（避免孳生蚊蟲），或造型好看的花盆板材，預先放入介質，這樣也可以幫助溼度提升。

1　在空間種植更多的植物，
　　創造較為穩定的溼度，形
　　成微環境。
2　之前的陽台花園使用蛇木
　　板種植石松，加上各種盆
　　質與噴霧，溼度相當穩定。

室內栽培

5

溫控的環境可以種植對溫度要求的植物，例如正盛開的盛蘭（*Corybas pictus*（Blume）Rchb. f.）。

居家育苗室

　　這裡指的育苗是鹿角蕨的孢子苗或組培苗。之前的我完全沒有育苗經驗，單純就是熱血買進一杯爪哇鹿角蕨「細菌」的孢子苗，便展開連續十個月的育苗過程，經過好友的分享經驗，及一段時間操作，也算得心應手，植株從不到 0.5公分至今已有巴掌大。後來發現，我的育苗方式可以應用在更多植物上，例如天南星的分株、蘭花苗、各種蕨類與苔蘚等等，在這裡稍微整理育苗心得與大家分享。

　　育苗有幾樣基礎要求，溼度、溫度、光照。育苗最好使用專用的育苗箱，尤其是箱蓋分離，高透度的蓋子可讓光線毫無阻擋照進箱中，蓋子有兩種規格，高蓋比較好用，蓋子頂端留兩個孔透氣，箱子底層鋪上隔水層（塑膠布），再鋪滿 1 至 2 公分厚的水苔（厚度 1 至 2 公分的海綿也可以），用來維持 85%以上的溼度，這樣的溼度有助於不到 1 公分的苗充分生長發根，一旦溼度不足就可能生長停滯甚至死亡。

　　悶箱放置的工作室空調控制在 26 度，避免人工光源的熱度造成悶箱過度溼悶，光照模式已在之前主題，這裡就不再贅述。但有個情況必須再次提醒，因為高光、高溼、高肥的關係，水苔大約兩周內就會長滿綠藻，建議要每天還要對箱中植物噴水，是噴在水苔上，讓肥料可以釋放流出，也避免累積造成肥傷害。綠藻如果增生過多，水苔表面如同覆蓋一層綠白色的黏稠物，看起來就是不透氣的樣子，所以只要綠藻長過頭，可以將長綠藻的水苔清除，再補上新水苔，或是全部換除，以維持植株的生長狀態。

1　將小苗盆植時，底部別忘了先放大樹皮塊，上面再放育苗用水苔。
2　多操作幾次，順手後再小的苗都可以利用盆植的方式管理。
3　使用悶箱種植管理小苗，容易維持穩定溼度。
4　由於提供足夠光線與溼度，若無定期更換水苔，一段時間後水苔會滋生綠藻。
5　綠藻滋生過多如同照片，蓋過整個水苔，影響小苗成長。
6　再不處理就會長出更多不知名藻類。
7　使用鑷子夾起像勾芡似的藻類，嚴重影響小苗根系的透氣性。
8　一段時間長成一葉長達 5 公分的大苗，就可以準備上板了。

悶箱[*]、套袋植物馴化過程

　　許多年前曾向雨林植物達人夏洛特購買一株秋海棠，這是原本種植於透明塑膠杯中，放置於溫控的室內栽培。帶回家後，種植於自豪的陽台花園角落，該處溼度較為恆定，由於太有自信，將未經馴化的秋海棠從杯中取出直接種植，過了幾天發現葉子已水化不見，只剩莖節還在盆中，當下好奇拿起來看，驚覺剛長出來的根系被我拉斷，最後這棵植物腐爛衰敗救不回來。後來跟夏洛特討論問題癥結，我的環境溼度或許算穩定，那棵秋海棠直接種植後，必須重新適應環境，雖然葉子水化，但植物本身已開始發根適應新環境，只要根系長壯可以吸收養分，長出來的葉子也正在適應新環境，可惜我太過急躁，沒有馴化過程，又將長出的根系弄斷，造成這棵植物無法挽回。

　　許多朋友入手的植物，可能是從水牆溫室或環境溼度恆定的場所移出，如果未經馴化過程，植物體會因為溼度相差過大，葉子直接乾枯，如未及時搶救，送至高溼恆定的環境，植物可能就此嗚呼哀哉。植物愛好者常會互相分享或交換植物，若植株栽種一段時間已穩根，改變種植環境或環境稍有變化，應該沒太大問題。較常見的問題為直接分株或現場挖取，就算非常小心都會傷到根系，尤其小苗更容易在移植時，稍不注意就整棵乾枯死透，因此無論移植任何苗木都建議可以先套袋或裝箱，袋子與箱子最好是全透明或高透光的材質，例如透明塑膠袋或白色大型置物箱，植物才能行光合作用。

　　馴化的基礎設置，必須在容器中放置泡溼的介質（水苔、泥炭土、衛生紙），或直接在容器中噴水，如果直接噴水須注意不要造成底部積水，維持裡面的高溼度即可。植物裸根、包含介質、帶盆放入都可以，將容器放置遮陰光照處，千萬避免直接照射陽光，可能造成溫度過高，植物在容器中悶壞。馴化的時間要看植物狀態來決定，如果植物狀態維持不錯，或是抽發新芽，可以慢慢打開袋口或將容器蓋子打開一些，過幾天狀態持續穩定，可將開口再打開一些，依此類推，直到最後將袋子或蓋子完全打開。期間只要植物出現葉子變軟，必須馬上將袋口或蓋子收起，待植物恢復後，再重新馴化的過程。

---

[*] 栽培植物幼苗，為了保持恆定溼度與方便管理，會使用特製的盒蓋，讓溼度不容易揮散，其中蓋子是全透明的設計，光線可以正常照入，植物放在裡面能行光合作用，持續成長，這樣的盒蓋組合稱之為「悶箱」。

1　陽台邊放置一個透明蓋子的水族缸，需要馴化的植物先放裡面一段時間。
2　剛買回的圓葉粗肋草（*Aglaonema rotundum*），先放在透明袋中，裡面放入泡水抓乾後的水苔維持溼度，隔幾天打開袋口，慢慢馴化。
3　悶在袋中的細葉雙扇蕨（*Dipteris lobbiana*），一段時間後慢慢打開袋口，讓植物習慣環境溼度。
4　許多雨林原種的秋海棠，一定要種植在溼度恆定的環境中。
5　工作室溫控在 24 至 26 度，可讓怕熱的雨林植物在透明悶缸中馴化。

高光栽培

　　會使用高光栽培方式是因為種植的環境光線不夠，必須增加人工光源與加長光照時間，讓植物維持生長速度。居家陽台的光照在夏季時還蠻固定的，上午有足夠的光度，下午 2 點半開始有西晒，必要時加裝遮光網，減少高溫時陽光直射的傷害。冬季的光線明顯不足，初期購買三組全光譜植物燈（紅光）加裝陽台頂端，每天晚間 6 點開至隔天早上，使用約一個半月後，植物生長的速度似乎加快，便開始另一項試驗，設置不同光照時間區，由每天補光 12 小時、18 小時、24 小時，作為實驗對照，每周將電源關閉休息一天。好友曾問：「這樣植物不用休息嗎？」但使用的結果效果非常好，或許是因為植株本來肥料給的就重，所以在接受高光栽培時，快速生長的養分也已經準備好，並未發生因高光狀態而萎縮或停滯生長的情況。關於鹿角蕨栽培者來說，剛切下來的側芽常莫名生長狀態不好，甚至發黑死亡，自從使用高光栽培後，幾乎順利生長而且長勢出乎意料地好，如果搭配鹿球方式照顧側芽，則更萬無一失。

1　高光種植七個月的爪哇鹿角蕨「塞爾索」正側芽，展現出快速生長與美麗的姿態，令人期待後續一年的發展。
2　野生爪哇鹿角蕨（來自峇里）特選個體在高光下的表現亮眼。
3　知名難搞的爪哇鹿角蕨「佩德羅」，栽培得宜的狀態就是讓人驚豔的狂野分岔。
4　佩德羅的新手分岔是許多鹿角蕨愛好者的追求的夢想。
5　收到時只有兩吋盆大小的知名爪哇鹿角蕨特選個體「黃月」，經過五個月的高光栽培，大了好幾倍。

6　尚未正式命名的爪哇鹿角蕨品系（暫定：白妖爪 *Platycerium willinckii* 'Unguis Albi'），潔白妖異的姿態很像哈利·波特最害怕的催狂魔。

7　爪哇鹿角蕨「細菌」的孢子苗經過一年的努力栽培，展現出美麗的分岔與樣貌！（**自宅**）

8　泰國吊嘎大叔的經典交種（*Platycerium* 'Saikeaw'（*Platycerium andinum* X *Platycerium willinckii*）），整株白毛濃厚，生長勢非常強健！是個人最愛的品種之一。（**北台大蘭園**）

9　泰國吊嘎大叔臉書頭像的知名品種「波哥蘇丹」（*Platycerium willinckii* 'Bogor Mr. Suddan'），超白加上垂墜優雅的樣貌，吸引許多鹿友爭相預定側芽。（**北台大蘭園**）

10　從爪哇鹿角蕨挑選出來的超細手個體，展現不同於其他爪哇的姿態。（**北台大蘭園**）

小巧植物生態缸

　　簡易植物缸怎麼做？2010 年跟著好友學習如何在缸中種植物，原先利用魚缸改造，只需要再多購買一片透明玻璃當蓋子，就可以作悶缸使用，後來使用透明度到較高的整理箱也有相同的效果，但種植時覺得不夠美觀，改以飼養爬蟲為主的兩爬缸來種植雨林植物。與原先悶缸（使用水族缸或是整理箱）最大的不同，就是兩爬缸有上下透氣孔，如果植物順利種植，在裡面飼養昆蟲或是爬蟲兼具透氣的優點。

　　放置的地點是我的工作室，由於養了許多昆蟲與動物，為了給予較為恆定的環境，所以使用空調系統將溫度控制於 24 至 26 度，避免夏季高溫造成飼養物種的損耗，也間接成為放置植物生態缸的好環境。當時設計兩個不同尺寸，向業者訂製五個中型兩爬缸、一個大型水缸，差異在大型缸以半水景為概念，缸左右兩側開孔，可放置外掛過濾器，維護缸中水質。缸底設置沉水馬達，將水抽往背板上方，創造水流而下的效果，讓整體環境溼度更高。底材選用火山岩，並以抽屜隔板組合成水面放置區，將喜好溼度或可水栽的植物放入。設置這個缸目為順便養魚、蝦，可同時欣賞水上雨水下的景致，魚蝦的排泄物剛好成為植物的養分，有點類似魚菜共生的概念。

　　室內光線的來源為兩組 T8 燈管，一組為晝光色、一組為太陽色，燈管與缸子頂部的距離為 20 公分，使用光度計測量，約 11000 Lux（最高處）至約 8000 Lux（最低處），每日早上 7 點開燈，晚上 12 點熄燈。植物的生長狀態維持穩定，許多不容易種好的雨林植物在缸中生氣蓬勃，還有不少植物直接插在水中即可成長茁壯，後來因空間利用變更，才將大型的植物缸轉贈友人。

1 種植在室內的半水生植物缸，一方面可以維持溼度，還能飼養小魚小蝦。
2 較大型的半水生缸（寬：45cm X 面：60cm X 高：60cm）使用靈活性較大，蛇木板種植的植物也可以掛在其中。

3　藉由人工光源與自動噴霧系統，各種植物欣欣向榮。

4　小型的植物缸是利用爬蟲缸改造，用於種植或馴化雨林植物。

5　建置初期設定可以種植附生植物，所以使用景觀背板，可利用 U 型釘固定植物。

6　溫控的環境可以種植對溫度要求的植物，例如正盛開的盔蘭。

7　小型植物缸除了種植物之外，還可以飼養非植食性的昆蟲，例如螳螂。

8　就算是小缸，只要維持好溼度與光照，也能把植物種得很美。

補充營養心得

　　植物在自然環境中養分來自各種腐植質與有機物，在人為種植的環境，為了讓植物正常成長或加速生長，會有各種補充營養的方式，最簡單的就是使用肥料。目前市面上各家肥料爭鳴，依使用方式不同，分為液肥與顆粒肥，其中個人偏愛顆粒肥，在種植時都會放入適量的顆粒肥在介質中。目前也有廠商將顆粒肥以不織布包裝為小袋，使用時更加方便。

1　個人最愛用的是顆粒型緩效肥料，例如好康多 2 號（左）與 HB-101（右）。
2　日本原裝進口 HB-101 有顆粒型的緩效肥，也有液體肥，個人每兩周使用一次 1/2000（稀釋 2000 倍），用於噴灑葉子。
3　另外會使用不織布袋裝的奧綠肥，可以固定在水苔上，澆水時自動釋放肥分。

各種介質使用心得

6

雲霧帶森林孕育著美麗的三尖蘭屬蘭花（*Masdevallia sp*）。（秘魯 東馬魯）

概述

　　個人種植的植物，絕大部分都是無土栽培，使用的介質都是自己調配，依照不同種類或品種的特性，還有栽培環境來調整不同資材比例。夏天乾熱、冬天溼冷、環境是全日照或半日照、介質要透氣或保水，這些都是能否種植成功的細節。有的植物喜歡乾，有的則反之，有的需要空氣溼度而不是澆滿水。所以種植前必須先了解植物的特性，依照自己的環境選植物，再依照其特性調配介質，以免植物長勢不佳，衰敗死亡。

1　種植不同植物，需要的資材也不同，早期種植附生植物最愛蛇木板與水苔。
2　植床板稍加修改就是很好的種植板材。圖為高貴難搞的爪哇鹿角蕨「佩德羅」。

蛇木板

　　筆筒樹（*Cyathea lepifera*（J. Sm. ex Hook.）Copel.）是大型的樹蕨，是蕨類世界的巨無霸，台灣可以說是筆筒樹數量相當多的國家之一，偏布在低海拔山區。我們使用的蛇木板就是筆筒樹的氣生根形成，特點是不易腐爛，可以做成園藝用的蛇木板、蛇木柱、蛇木塊、蛇木屑等。個人常使用蛇木板種植附生蘭花、蕨類，使用蛇木盆種植球根型的植物、蛇木塊與蛇木屑則是混合在介質中，增加透氣性，讓植物的根系更容易伸展，有利於成長。

1　市售蛇木板有各種尺寸方便選購，充滿孔洞透氣的特性，非常適合用來種植附生植物。
2　附生植物可以利用各種方式栽培，蛇木板種植鹿角蕨，樹皮種植蘭花都很合適。
3　蛇木板、水族隔板、鑽孔木板，都是透氣性佳的板質材料。
4　現在除了蛇木板、木板外，還有許多新的板材，例如水泥材質也相當受到歡迎。

樹皮塊

　　溫帶的針葉樹種，將樹皮切成不同大小規格，乾燥後分裝販售。樹皮的特色是重量較泥土輕，具有保水力，富含有機質，且纖維多較為強韌、不易被水浸透與腐爛。個人常用於添加種植介質，尤其是鹿角蕨育苗，不容易腐爛的特性，可使用較久的時間不需更換。另外用於大苗種植，使用較大的盆子，裝滿大樹皮塊，再將包著水苔的大苗放入，澆水時可以不用擔心太溼，造成植株根系不透氣。樹皮可吸附一定水分，又能維持根系透氣正常生長。大樹皮塊還能鋪於大盆栽的土表，看起來美觀又不會長雜草，非常方便。

1　大樹皮塊的用途相當廣泛，除了當種植資材非常透氣外，作為盆植表面的「飾材」也相當美觀。
2　大小不同的樹皮塊，可以運用的方式十分廣泛！通常都是混和其他資材增加透氣性。

水苔

　　園藝用的水苔是一種天然的泥炭苔，生長的環境以雲霧帶山區為主，熱帶、亞熱帶的潮溼地或沼澤地也常見，這些環境的共通性就是溼度高，而且未受汙染。泥炭苔的結構簡單，全株僅有莖葉兩個部分，而園藝使用的就是全株。目前廣泛運用於各種植物的栽培，尤其是蘭花、蕨類、食蟲植物，是植栽的基礎材料。其保水及排水性好，具有極佳的通氣性能，不易腐敗，可長久使用，換盆亦不必全部更新材料，可謂非常方便。

　　目前市場上可買到的水苔，主要產地在智利，5 公斤裝大約 1300~1600 元上下，優點是相當實惠，缺點是每一批的品質都不相同，最好的狀態是水苔沒什麼雜質，曾買過最可怕的是，水苔長短不一、細細碎碎，滿滿的樹枝雜質，要慢慢挑撿剔除，不然使用時可能會刺傷手。初入門或種植數量不多的玩家可以選購 1 公斤或 500 公克裝的智利水苔。另外還有紐西蘭水苔，1 公斤要價 1300~1500 元，相較於智利水苔的價格可說是相當高貴，但紐西蘭水苔的品質相當好，每一條水苔都相當漂亮細長，沒有任何雜質，綑綁使用得心應手，不會一直掉屑屑造成困擾。

育苗用水苔

目前市場上販售的是紐西蘭育苗用水苔，已將粗長纖維去除，並乾燥壓縮成方塊狀，泡水後會膨脹約 10 倍，相當方便好用。這樣的水苔是針對各種植物在育苗時避免將根系扯斷時用。個人使用在鹿角蕨的育苗，當苗較大時必須分株，若使用一般水苔，可能在分株時，將根系拉斷，造成植株恢復不易甚至衰敗死亡，但使用育苗用水苔，將小苗分開水苔也會跟著散掉，相當安全方便，不過價格跟紐西蘭水苔一樣高貴就是了。如果買不到育苗用水苔，可以使用一般水苔，取適量充分泡水去除樹枝雜質後，放進果汁機中打碎，倒進濾網瀝掉水分即可使用。

1　5 公斤裝的智利水苔最適合玩家與商業使用。
2　紐西蘭水苔幾乎沒有雜質與碎屑，纖維較長，不會散落一地，因而非常好用。
3　個人用最多的是智利水苔，個人的習慣先充分泡水，至少換過兩次水後才使用。
4　裡面的雜質，例如樹枝、樹葉，都會特別挑出來，除了美觀之外，還能避免扎傷手。
5　紐西蘭育苗用水苔為乾燥方塊狀，可以視情況決定使用幾塊，泡水後會脹大將近 10 倍。
6　育苗專用水苔，分苗或換介質時較不會傷到根系。

泥炭土

　　泥炭土是自然環境中植物死亡後，經過分解與長時間的堆積形成泥炭土。泥炭土主要為酸性有機物質，有豐富的微生物菌，可提供營養給植物，我們使用的泥炭土含有一定的氮，具有良好的保溼與透氣性，是園藝種植很重要的基材，買的時候可以特別注意是純泥炭土或是已混合其他資材。市面販售依纖維粗細分裝，個人主要用於培育蕨類孢子或小苗，所以選擇最細的品項，如果種植特定植物則挑選粗纖維的泥炭土，混入幾種不同介質，因為環境不同、植物不同，需要多嘗試才知怎麼挑選介質與混合比例。如果想要種植蔬菜或花卉，可以選購人工專門配製好的泥炭土，非常實惠與便利。

1　泥炭土的用途非常廣泛，市售分成兩種，一為純泥炭土，另有添加不同介質的泥炭土，可看個人喜好選擇。

2　加水煮過放涼後的泥炭土，用來播種相當方便，表面黃色如細砂是鹿角蕨的孢子。

椰纖塊

　　椰纖塊是椰子殼經過切碎、再清洗、乾燥後壓縮的加工完成品，切碎椰纖塊可分大、中、小與椰纖。椰殼製成的植材特色是天然，含有植物所需的有機質，而且不容易腐壞，使用年限較水苔或樹皮更久，具有吸水、保溼、透氣等優點，而且價格非常便宜。椰纖塊主要用於無土栽培植物，個人將它添加於種植的資材中，依照種類特性不同，添加的大小與比例也不一，這部分需要看每個人種植環境去調整。

1　購買的椰纖塊是乾燥壓縮的包裝，分大、小包裝看使用量選購。
2　個人使用前會先充分泡水、換水三次，讓椰纖塊充分泡發。

赤玉土

　　之前種植細辛的介質主要為細蛇木屑混合其他介質，但蛇木屑容易掉碎屑，好友建議可以在表面撒一些赤玉土，壓住蛇木屑不亂飛，看起來也乾淨好整理。好友說赤玉土是一種「飾土」，本身吸水力好且非常透氣，不含任何養分，鋪放盆栽介質表面有美觀的效果。若混合碎水苔、泥炭土、蛇木屑，則可用來栽種植物，不同混合比例可用於不同的植物，例如種植細辛的比例為蛇木屑 4、碎水苔 2、赤玉土 4，兼顧水分、養分與透氣性。

1　赤玉土顆粒有分大小，除了鋪在盆栽表面當作「飾土」外，也用於種植細辛與根部不喜歡積水的植物。

碎炭塊

　　樹木或竹子由人為燒製炭化，敲碎後使用，分成多種尺寸，最小為 1 至 3 公釐，最大為 10 公釐以上，具有多孔結構、無養分、調節溼度，有很強的抑菌及吸附有害物質的作用、用於混合介質種植植物使用。目前用於種植鹿角蕨調製的透氣料，在其他介質中加入 1 至 3 公釐最小尺寸的碎炭塊，比例大約 10%，但種植其他植物時會以較大尺寸為主。購買時以包裝好的為優先考量，依照不同用途選擇大、中、小不同尺寸，也有朋友購買烤肉用木炭，自行敲碎使用，效果與市售包裝好的炭塊並無不同。

1　碎炭塊能買到大小不同的尺寸，個人偏好約 1 公分左右的顆粒。
2　混和完成的透氣材，可以看到碎炭塊摻雜其中。

植物進口二三事

7

清晨的平流霧讓沙漠地區的森林有如仙境般美麗。（馬達加斯加　貝瑪拉哈國家公園）

開啟進口植物之路

　　玩植物一段時間後，便想取得較為奇特或珍稀的品種與種類，一般多找熟識的園子或玩家。2010 年陽台上種滿各種石松，當時想要收集更多特別的種類，所以在網路搜尋石松科關鍵字（*Lycopodiopsida*、*Huperzia*、*Phlegmariurus*），從滿滿的資料中找到一個放滿石松照片的網站「I love ferns」，這是泰國蕨類玩家汪娜成立的，交談過程中發現彼此都希望取得新的種類，達成協議，第一次以交換的方式進行。為了這次交易，我將要交換的石松全部從蛇木板取下，並將植株與介質清洗乾淨，再以新的水苔包覆根部，最後使用透明膠膜將根部介質包覆以橡皮筋束口。

　　填寫申報單與檢疫單後，將植株交由檢疫官檢查，檢疫官將植株全部打開，一棵一棵在白紙上稍微敲打，並使用高倍率放大鏡檢查，當時心想這也太精實了吧！檢查完成後，檢疫官請我將植株一棵一棵重新包裝，說：「你的活植物清理得很乾淨，因為出口的檢疫證需要蓋章簽名，一定要檢查清楚，不然檢疫制度就如同虛設。」在外來入侵種造成重大環境問題的今天，檢疫真的是非常重要的防堵關卡。

　　在石松郵包寄出去當天，同時間郵局快捷（EMS）已將泰國寄出的包裹送到家中。這類活植物包裹的特色是箱子外會貼著透明綠字「關郵會封」的膠帶，檢疫證、發票與出口證明黏貼在箱上，包裹到台灣時，郵局及海關、檢疫官一起開箱，確定內容物與品項是否與申報相同，另外要確認是否達到課稅額度，如果都沒問題才封箱寄送。倘若有問題會以書面通知收件人，繳納稅金、辦理檢疫或是退回。

　　與汪娜的交易，都是相當快速與安全的。2013 年後專心跑國外雨林並撰寫昆蟲相關科普書籍，無法再用心照顧陽台花園而荒廢，直到 2020 年因回坑鹿角蕨，再次與汪娜結緣，此時她已經是非常知名的鹿角蕨培育家，著名的「黃月」、「銀華」等品種都是由她選育。搜尋網路也可以找到「I love ferns tw」，這是台灣雨林植物愛好者，也是我的好友張瑞哲成立的，主要銷售 Wanna 園子栽培的植物。還記得 2020 年回坑時，瑞哲二話不說，挑選十多株鹿角蕨寄給我，讓我以最快的速度回憶起當年陽台花園的點滴，開啟另一種玩植物的方式。

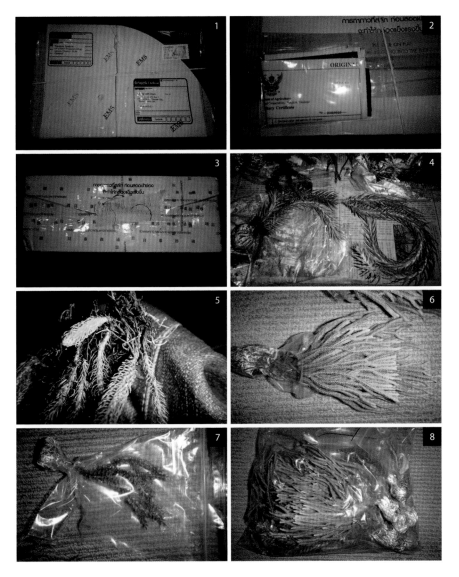

1 從泰國以 EMS 寄來郵包，外箱還會使用棉繩綑綁。
2 檢疫單與海關出口證明都會用封口袋貼在外箱上，方便進台灣時檢查。
3 在郵局檢查完，會貼上「關郵會封」的貼紙，以表示確認資料與箱內物品無誤。
4 當年進口數種石松，其中有許多是現在常見的種類，例如藍石松（*Phlegmariurus goebelii*（Nessel） A. R. Field & Bostck）。
5 石松出口前，必須將根部介質清理乾淨，避免夾帶生物。圖為銳葉石松。
6 根部清理後，使用乾淨水苔與塑膠袋包住根部。圖為銳葉石松。
7 整株包好的樣子，完成寄出前的作業。圖為小垂枝石松（*Phlegmariurus salvinioides*（Herter）Ching）。
8 全部整理好後，再包進封口袋，準備帶去防檢局做出口檢疫。

菲律賓進口蘭花

2009 年與好友前往菲律賓進行跳島之旅，當時對數種產於菲律賓的蘭花相當有興趣，所以好友預先聯絡地陪，知道幾個蘭園可以去尋寶，出發前夕已先備妥要進口的植物種類資料，向防檢局窗口申請輸入，還好網頁資料說明清楚，很快就拿到輸入許可。

逛了兩個蘭園，找到我要的幾種蘭花，從中挑選較為完整的植株，蘭園幫我們將蘭花的介質處理乾淨，並檢查是否夾帶幼蟲卵或葉蟎，最後才噴藥放進自己準備的乾淨夾鏈袋，將開好的發票資料一併交給我。在地陪的帶領下，我們來到檢疫單位，一開頭真的很不順利，承辦人員一副不知道我要做什麼的態度，請地陪幫忙溝通，但對方雙手一攤表示沒辦法，正當不知該如何是好，地陪示意，要我先回飯店，他回頭來處理。途中地陪撥了幾通電話，回到飯店向我要了 1000 披索（折合台幣約 580 元）手續費，莫約一小時後回來，滿臉笑容的他，手上拿著植物與檢疫證！說到這邊各位應該懂了吧，原以為一切都已大功告成，怎麼知道回台灣後才是問題的開始。

提領行李後，走向機場的檢疫櫃檯，將行李箱中的植物與檢疫證等資料交給檢疫官，當檢疫官在確認相關資料時發現，文件上的名字與我的護照名字不同，原來國外的朋友都稱呼我 Jacky Huang，所以地陪申請資料時，不是使用我的護照名，這下真的頭痛了！正當不知所措時，檢疫官說文件上的地址是我的真實地址嗎？如果是，可以請家人傳真證明我住在這地址的資料，例如信用卡繳款單，再簽一份確定為本人的切結書，植物就可以放行。所有的情況在家人傳真資料後處理完畢，順利將植物以安全合法的方式帶回，種植在我的陽台花園。

1　與蘭園接待人員合照。
2　我去的宿霧島蘭園是專門栽培萬代蘭，從花牌可以看出來。
3　產地巴拉望島的白蝴蝶蘭（*Phalaenopsis amabilis*（L.）Blume），花型相當野。
4　萬代蘭以吊掛的方式栽培。
5　訂購的白蝴蝶蘭，準備從蛇木板上拆下。
6　栽培於園區的不知名蘭科植物。
7　好栽培，開花性又好的夜夫人（*Brassavola nodosa*（L.）Lindl.）。

回坑再進口植物

　　再回坑玩了將近一年的鹿角蕨，也認識幾個產地的供應商，幾位好友都想在家裡多種一些鹿角蕨綠化環境，鼓吹我直接向產地接洽，因而重新查詢進口鹿角蕨相關的法規與申請程序。鹿角蕨屬（*Platycerium* spp.）為全屬開放進口，防檢局建置的「智慧植物檢疫專家系統」（IPQES）非常便民，只要註冊帳號並將資料準備好，依序輸入就能完成申請，約幾個工作天就能收到為期一年的輸入同意書。這裡特別提醒，不是任何植物都能進口，可以在防檢局網站搜尋「准許輸入植物清單」，植物的學名或品名與植物部位輸入務必正確，輸入部位分為：種子、果實、地上部（含授粉用花粉）、花部、葉部、莖部、去根植株（須去除所有地下部、不定根或根部組織）或接穗等。其中地下部，指表土以下之根部、莖部及其他植物部位（含種球）；全株，指不含種子及果實之植株及組織培養苗；莖葉，指未帶地下部與果實之蔬菜；組織培養苗，指利用植物各器官、組織或細胞當起始之培養材料，無菌培養於透明容器，提供養分及生長調節物質，同時控制環境因子，促使其生長分化再生出的癒合體，或獨立的小植株；如零餘子，指山藥（*Dioscorea polystachya* Turcz.）的腋芽，俗稱零餘子。

　　依照以上資訊，不同植物可輸入的部分不同，例如鹿角蕨、石松，都可以全株（根莖葉）進口，但很多植物是不能帶根進口，因為可能會有危害農業的細菌或線蟲，例如天南星這類，必須將塊莖旁的根系完全削除。這些法規資料在防檢局的網站皆可查詢，想要輸入植物前不妨先花點時間做功課。

　　收到防檢局的同意輸入申請書後，將檔案寄給國外的供應商，請他備妥植物，尤其是必須確認植株不可帶有昆蟲活體、蝸牛或蟲卵。供應商會將植物清洗乾淨晾乾再噴藥除蟲，到台灣後檢疫官會進行檢查，萬一植株帶著蟲就會遭遇銷毀的後果，特別請供應商幫我噴兩次藥，確保沒有蟲。由於疫情期間航班大減，許多朋友建議不要使用 EMS 國際快捷，避免長時間運送造成植株衰弱死亡，所以選用空運（Airfreight）來台，當天早上寄、下午就到台灣。供應商將貨寄出後，很快收到航空公司打來的電話，問說要請報關行或是自己去領貨？依照以往的經驗認為自己來就可以，所以選擇個人提領，將資料與提單號碼記好後，便在隔日（那天是周六）前往桃園機場旁的華航倉儲（簡稱華儲）

領貨，很快找到位置，向窗口告知提單編號，拿到整份資料後，原本欣喜可以快點將貨提出整理，沒想到這一天的折磨才開始。

原來供應商寄貨時，沒有特別指定抵達台灣後，將貨置放於寄放倉（我也不知道這部分的事情），所以到貨後就放在一般倉，但一般倉的海關人員假日休假，是無法辦理業務的，於是在服務台人員建議下，先到旁邊的長榮倉儲（簡稱榮儲）寄放倉的海關，還好海關人員相當親切，幫忙聯絡各個單位，準備作移倉的業務，原以為非常簡單，因為海關人員告知移倉已經可以線上作業，之後回到華儲才發現沒那麼容易，因為我不是公司行號，線上系統沒有個人選項，所有作業程序必須以紙本方式完成，要將流程跑完可沒那麼輕鬆，還好在海關人員與相關單位的協助下，終於順利完成移倉，殊不知另一個噩夢才來。

折騰一陣，可以帶著文件請檢疫官看貨了，在櫃檯辦理相關業務後，檢疫官跟我一起下樓開箱驗貨，並將植物拿到檢疫室中檢查。老實說，當下心中忐忑不安！所幸檢疫官走出來說：「上樓辦理檢疫，完成業務！」頓時心中大石落下下，忙了一整天終於可以領植物了。在櫃檯等文件繳交費用時，檢疫官突然跑來說問題來了，四張印尼隨貨的檢疫證中有一張沒有簽名！沒有官員簽名的檢疫證等於無效。第一次從印尼辦理植物進口就遇到這樣的情況，檢疫官建議可以請印尼補證，因為正本寄送還須一段時間，可以使用高清的照片先傳給他們，確認無誤後就能領貨，待正本寄到台灣再補件就好。或是另一個方法，辦理植物燻蒸，燻蒸後就能直接領貨，但需要負擔燻蒸費用。當時心中盤算是請印尼馬上補證，最快作業要下周一送件，可能周三才能拿到，周四再跑一次領貨，雖然多放好幾天，但最近天氣涼爽，對鹿角蕨來說應該沒問題，所以選擇後補證件的方式。早上 9 點就來到華儲，從榮儲離開時已經下午 4 點，在午餐都還沒吃的狀態下，完成機場海關檢疫一日遊。

幾天後的晚上終於收到印尼補發的檢疫證，依當時建議，立即將檢疫證以電郵寄到檢疫官的信箱，並附上領貨單號與隔天領件的說明。沒想到不到一小時，機場的檢疫單位來電了，原因是新的檢疫證有簽名沒錯，卻沒有註明「替代前一張檢疫證的說明與證號」，還有日期必須和前一張檢疫證相符，所以這張新的檢疫證等於沒用。當下差點腦袋當機，還好檢疫官給我建議：「隔天早上剛好有一批植物燻蒸，可以約早上 8 點左右到，辦理領貨程序送到燻蒸廠作業，中午就可以領貨。」最後接受檢疫官的建議，如果請印尼再次辦理檢疫證，不知道還會出現什麼問題，此外，植物也不能再放下去了，所以決定隔天前往處理。

到了檢疫站，檢疫官幫我辦理燻蒸事宜，繳納稅金與倉租及相關規費後，拿著證件到樓下倉儲取貨，看著四箱鹿角蕨被推到面前，心中百感交集，以最快的速度趕到位於大園的燻蒸場，將資料交給檢疫官，四箱植物送進貨櫃中，開始燻蒸作業，時間約需三小時，趁這機會向檢疫官請教幾個植物送燻蒸相關的問題。之前常聽到燻蒸後的植物，雖然看起來好像沒事，但大概一至兩個月，就會落葉衰敗死亡，原因在於燻蒸的溫度很高，但跟檢疫官聊過才知道，燻蒸貨櫃溫度是控制在 22 度。當時將四箱鹿角蕨搬進貨櫃時，確實看到冷氣設備，關門後高壓打入藥劑會放置一段時間，再以負壓方式將藥劑抽出，貨櫃中的溫度沒有太大變化，再者使用的藥劑是針對昆蟲，不會對植物造成傷害，應該是許多人以訛傳訛所致。12 點 30 分，終於排除萬難將鹿角帶到蘭園，並以最快方式浸泡清洗，根部包覆水苔，最後葉子上噴灑微量的液肥讓植株盡快恢復。

　　這次植物進口經驗非常特別，從供應商通知寄出貨物開始就出現問題，還好都能一一解決，並且在海關、檢疫、倉儲人員的協助下，順利完成所有程序，如果您問我還會再自己進貨嗎？我覺得應該會，但報關檢疫的部分應該委由報關行處理，不然勞師動眾耗費許多時間，套句最貼切的行話「讓專業的來」！

進口植物提醒：
1. 請供應商寄送植物時，在航空公司勾選「寄放倉」。
2. 確實檢查對方提供的檢疫證是否資料吻合，務必詳細比對輸入、輸出、品項、還有檢疫官的簽名。
3. 萬一檢疫證有問題需要請對方重新開立，必須註明「替代前一張檢疫證的說明與證號」，還有日期必須與前一張檢疫證相符。
4. 有任何問題可以先去電詢問海關或檢疫局，這樣省時又省力。

1　總共四箱植物，跟檢疫官確認申請資料與進口植物吻合，準備驗貨。
2　印尼出口標準的檢疫證，右下方有對方檢疫官的簽名。
3　這張沒有簽到名字的檢疫證，讓我一天的努力全都白費。
4　最後決定將貨領出來送去燻蒸。
5　燻蒸前將箱子打開，確認藥劑能充滿所有空間。
6　堆高機將準備燻蒸的貨品送進燻蒸貨櫃中。
7　將門確實關好鎖緊，三個鐘頭後再來取貨。
8　標示的開櫃時間，就是可以來取貨的時間。
9　取貨後馬上前往溫室，講所有植株先泡水洗淨兩次。
10　在台灣經過一周的時間，加上燻蒸後的狀態，其實超乎想像的好。
11　所有植株洗淨後，包上水苔再以靜電膜包覆，等有空的時候再來上板。
12　距離燻蒸的日期大約四個月，大約九成以上的植株都已長出新葉，值得期待。

到哪裡找植物？

8

完美的爪哇鹿角蕨群植。（花草空間提供）

尋找植物的法門

　　回坑玩植物的這一年，世界各國皆遭受疫情的影響，除了經濟衝擊之外，對我來說則是無法出國，本已規劃的行程因此暫停，或許是時間多出來，才能重溫栽培植物的過程。雖然空窗數年，但當時種植物的好友們都還在，光是這群朋友，就丟了一堆各種不同的植物給我，讓我快速記起與植物的點滴。如果問我哪裡找植物？首先建議找朋友，好處是種植物一段時間的人都有相當的經驗值，比起自己亂買亂種，最後看著植物衰弱死掉好多了，不懂的部分還有人可以請教。

　　如果周遭都沒有朋友特別喜好植物，可以從各地花市開始，知名的台北建國花市只有假日營業，還有許多花市平常日也在營業，值得一一探訪。另一選項就是蘭園，有的蘭園開放參觀選購，有的必須預約，有的則是不開放，所以過去前最好先電話聯繫，避免白走一趟。

　　另一個就是社群軟體上的社團。例如臉書有許多大型植物買賣社團，好處是資訊獲得快速，但詐騙事件與交易糾紛也層出不窮，加入社團後必須多觀察，跟信用良好的賣家購物或向資深玩家請益交流。

　　縱觀以上建議方式：找朋友、逛花市、逛蘭園，後面也分立各篇，和讀者分享個人買過或逛過的蘭園。

1　完美的爪哇鹿角蕨牆。（花草空間農場）

蕨稀 Garden（台北）

　　寸土寸金的台北市中心，在中山北路巷弄中可以觀賞綠色植物，是一件讓人賞心悅目的事。日式原木建築與水泥牆面的特色，搭配植物讓人眼睛一亮。現場販售鹿角蕨與各種觀葉植物，老闆亦提供上板與換板的服務，上板的手工與美感相當值得信任。

開放營業時間：請聯繫粉絲專頁

1　水泥牆面加上原木與各種植物，真是最美的搭配。
2　各種板植的鹿角蕨與觀葉植物，方便欣賞與選購。
3　使用木箱搭配植物，上下層架的設計讓視覺更有層次。
4　日式風格的背景，讓植物成為視覺焦點。

北台大蘭園（桃園）

　　十多年前就已熟識老闆林先生，老闆為人親切，只要有空就約好時間去閒晃，偶爾也會招集北部花友一同前往。主要經營各種蘭花與鹿角蕨，近年加入雨林觀葉植物，老闆栽培各種植物經驗豐富，十八種原生鹿角蕨、知名品種鹿角蕨與原種蘭花都能在這找到，可約時間至現場挑選挖寶。

開放營業時間：請聯繫粉絲專頁

1　玲瑯滿目的各種植物，可跟老闆預約時間參觀選購。
2　水牆溫室內的空間頗大，採光亦相當明亮，逛起來很舒服。
3　老闆的蘭花造景盆栽功力一流，是許多公司單位送禮的最愛。
4　各種知名品種的鹿角蕨，其中不乏側芽身價就高達萬元的逸品。
5　野生爪哇鹿角蕨的個體也非常多選擇，可以現場跟老闆訂購側芽。

叢林漿果（桃園）

　　目前蘭園僅於網路販售，主要販售各知名品種鹿角蕨與原種鹿角蕨個體，只要追蹤粉絲專頁就有第一手資訊。不定時舉辦直播販售植物，是我第一次在網路上看直播，並且下單成功購買鹿角蕨的店家。當時購買的山採爪哇鹿角蕨，目前已長成美麗健康的個體。另外購買的混播孢子苗，生長勢相當不錯，值得期待。

開放營業時間：目前尚未開放

1　各種栽培品種與野生鹿角蕨可選購。（雨林蕨饗展覽現場）
2　目前正夯的觀葉植物也一應俱全。（雨林蕨饗展覽現場）

蕨對好種（北斗）

　　主力為園藝景觀設計，園子非常大，從庭園造景到各種珍奇植物都有，鹿角蕨、天南星、蔓綠絨，各種雨林植物。粉絲專頁會不定時貼出販售植物，但建議直接去逛園子，老闆相當親切，只要有空都會一一介紹。還記得第一次來逛的時候，有種劉姥姥進大觀園的感受，現場到處都能發現厲害植物。

開放營業時間：請聯繫粉絲專頁

1　進入園區後彷彿走進雨林。
2　入口處的花園植物展示就足以讓人流連忘返。
3　廁所是鹿友、植友的網美打卡景點，就算不想上廁所，也要來拍幾張。
4　各種大型美觀的景觀植物，只怕您家不夠大。
5　美麗的葉藝個體，在廁所就能飽覽無遺。

鷸力對蕨（新社）

相當知名的鹿角蕨栽培業者，許多知名的品種與個體都在老闆的巧手種植下，展現出特有的型態。例如整棵從頭白到尾的「白月」，只要粉絲專頁發布側芽釋出，隨即被玩家搶購一空。位於新社的園子結合莊園咖啡與露營區，手做餐點相當可口，本書截稿前園子尚未正式開放參觀，但可洽粉絲專頁預約，非常值得一遊。

開放營業時間：請聯繫粉絲專頁

1　由於是臨時過去，所以只能看到部分展示的植物，但「部分」就已經美不勝收了！
2　有層次的吊掛與擺放，更容易欣賞與找到心儀的植物。
3　現場有各種目前最夯的斑葉植物，來一趟絕對不會失望！
4　室內空間非常歐式，適合與好友一起來聊植物、喝咖啡。（三立《上山下海過一夜》主持人團隊）

蕨情谷（嘉義）

　　這是每次到嘉義必去的園子，以鹿角蕨與雨林觀葉植物為主。老闆栽培推廣鹿角蕨多年，任何疑難雜症都可以向老闆請教，主要在「蕨情谷」社團販售植物訊息，如果有時間可以跟老闆先約，直接逛園子能大開眼界，而且還能欣賞知名侏儒爪哇鹿角蕨「Nano」與「OMG」（*Platycerium willinckii 'OMG'*）最迷人的風采。

開放營業時間：請聯繫粉絲專頁

1　門口沒有很大的招牌，但植友看到吊掛的植物就知道「蕨情谷」到了！

2　現場鹿角蕨與各種植物種類眾多，入寶山千萬不要空手回！

3　鎮店寶之一的侏儒爪哇鹿角蕨「OMG」成株大小不超過 50 公分，是鹿友眼中的夢幻逸品。

4　有任何想找的植物，問老闆最快！

5　最高價一葉高達 25,000 新台幣的斑葉橘梗，可以數數看有幾片葉子。

6　一樣是鎮店之寶的爪哇鹿角蕨「Nano」，需求者眾多，一側芽難求！

台江蘭園（台南）

　　跟台江蘭園購買數次鹿角蕨，植株的狀態都很好，非常值得信任的蘭園。雖然老闆偶爾會在社團貼文，但建議如果時間許可，直接逛現場更能找到喜歡的植株。台江蘭園有幾棵知名的爪哇鹿角蕨品種，如「波哥蘇丹」與「雪月」（*Platycerium willinckii* 'Snow moon'），都是姿態優美、白毛豐厚，為玩家必收藏的個體。還有一棵稀有爪哇鹿角蕨個體「珍妮」，需求者眾，我也還在拿號碼牌排隊中。

開放營業時間：請聯繫粉絲專頁

1　台江蘭園的熱區，最具特色的鹿角蕨都放在這區，接受老闆特別安排的照顧。
2　園區栽培各種鹿角蕨，包含不同產地與個體，可以挑選自己喜愛的型態。
3　玩家眼中最想擁有的鹿角蕨之一，侏儒爪哇鹿角蕨「珍妮」，排隊等側芽的我不知何年何月才能得償所望？
4　來自日本 Lisawa 的澳銀鹿角蕨（*Platycerium veitchii* 'Auburn River'），尖高的冠是許多鹿友的收藏名單之一。
5　整株雪白，姿態優雅的爪哇鹿角蕨個體「雪月」，個人也珍藏一株。

蕨對鹿迷（台南）

　　主要販售自己進口與栽培的鹿角蕨、雨林植物。雖然成立時間不長，但與蕨對鹿迷交易數次，從販售文的植物現況圖與實際收到的植株都很符合，狀態與包裝都是值得信任的賣家。蘭園環境乾淨清幽，看得出來用心整理陳列，與好友前來逛蘭園賞植物，還能點杯咖啡享受綠意盎然的植物風情，相當推薦。

開放營業時間：請聯繫粉絲專頁

1　新重劃區的水泥叢林裡，這裡是最具生命活力的城市綠洲。
2　從二樓俯瞰園區，居高臨下如同身處雨林。
3　園區雖然不大，但挑高的空間感十足，能仰頭觀察各種植物不同型態。
4　休閒區的設置非常符合個人期望，每次到台南都要來坐坐，喝杯咖啡看植物。
5　綠意盎然的植物，走在其中能感受到滿滿綠能量。

蕨的想買就買（台南）

　　網路知名店家，有許多朋友跟其交易過，風評很好。主要以鹿角蕨或蕨類相關植物為主，從一般種類到知名品種都可找到，老闆也會不定時在社團直播，是人氣賣家。蘭園有固定的開放時間，可以提供各種植物相關服務，每周六下午 2 點免費上板教學，可以現場挑選植株與板材，耗材與師資免費，是新手與玩家都能挖到寶的好地方。

開放營業時間：請聯繫粉絲專頁

1　整齊寬敞的園區，逛起來輕鬆舒服。
2　每周六下午，有每一人一次的免費上板課程。學員每人可上一板植株，僅需擔負植株、板材的費用（也可自備板材與植株），耗材部分由園區提供。
3　現場可看到露天栽培的爪哇鹿角蕨，被太陽晒成可愛的蘋果綠。
4　目前正夯的日本白斑龜背芋（*Monstera deliciosa* var. *borsigiana* 'Albo'），是庭院造景最佳植物。
5　姿態美麗的爪哇鹿角蕨「Bogie」（*Platycerium willinckii* 'Bogie'），使用鋼籃種植，代表老闆深深地期望。

台灣第一植物展

　　建國花市就像我的後花園。當年正在瘋蘭科植物時，每周六早上 8 點前就會到達現場，通常中午過後才離開，這次展覽活動在這舉辦，沒理由不到場。當天大概是太過期待，一方面也擔心不好找車位，大約 7 點就到達現場，除了擺貨上架的攤商之外，還有幾位和我一樣早起的植友在現場，雖然沒人招呼，但可在攤位前先觀察想入手的植物，順便打發時間。

　　這次展覽網羅許多店家，其中有先前熟識或交易過的名店，例如：蕨情谷、鵡力對蕨、宅栽、I love ferns.tw、華陽園藝、植鹿生活 2F（以上都可在臉書搜尋到相關社團與粉絲專頁），還有很多非常好的店家。大家在前一晚就已到場，把商品上架陳列好，更有店家不惜重本將現場布置得非常華麗，讓前來的朋友莫不驚嘆連連！

　　開展後人潮如海浪般一波波湧入，將現場擠得水洩不通，幸好早已相準想買的植物，用最快速度跟老闆結帳完成任務，便開始四處串門子。這樣的展覽是認識植物與植友的好機會，也可以觀察不同店家植物的栽培方式，尤其主視覺展出的夢幻逸品或是店家主推的商品，都能得到新的觀點與視野。

　　主辦單位在推廣栽培知識也相當用心，舉辦兩場講座，邀請的講者都是我的好友。第一天下午講師是一起跑野外的雨林植物達人、知名植物作家夏洛特，主講題目：「如何與植物對話　居家觀葉植物基本照料」。第二天下午講師是我認識十多年，常一起討論植物，也是知名粉絲專頁春及殿 Primavera 的主理人 Alvin Tam，主講題目：「從零開始的室內小花園　生態缸製作」。個人認為這兩個題目選得非常好，對初入門的植友來說，有個方向可以依循，少走很多冤枉路，對於稍有程度的玩家而言，則是可以重新檢視、調整、栽培與收集植物的方式。只可惜下午有行程無法留在現場跟大家一起學習，所幸平時常有聯絡，稍稍平復無法參加的心情。

　　兩天的展覽除了達成商業、推廣等主要方向，也讓更多人認識植物市場蓬勃的活力，吸引對植物有興趣的朋友加入。在全球疫情延燒嚴重的同時，大家無法隨意外出，待在家中種植綠色植物，兼具打發時間與療癒的功能，成為可以灌注內心活力泉源的綠洲之一，希望疫情得到控制，讓下一次的展覽可以盡快規劃舉辦。

1 盆植的石松科植物，在東南亞國家已經風行
　多年，很適合庭院造景。
2 有非常早到現場，才能拍到這樣清靜的畫面。
3 現場主視覺區，參展各廠家提供，幾乎全是
　夢幻逸品等級。
4 現場攤位擺放各種植物，可供民眾自行挑選。
5 個人認為目前台灣栽培最美的「塞爾索」鹿
　角蕨，幾乎沒有極限的白與分岔，栽培者功
　力十足。
6 參展廠家發揮各自巧思布置會場。

7　最高價的幾種植物也在主視覺區展示，讓現場民眾欣賞拍照。
8　美麗的斑葉植物是大家最愛，也是參展廠家的主力商品。
9　展覽時間一到，現場馬上人滿為患，誇張到幾乎無法轉身。

雨林蕨饗

　　回植物坑後發現，台灣植物界的熱絡情況超乎想像，幾乎每個月北中南都有幾場各種植物的大小市集，除主題植物外，還有各種資材、配件廠商。展期的人潮絡繹不絕，提袋率超高，顯示民眾對植物的需求已提升，家家戶戶都可利用植物綠化環境，讓空間變得更自然。

　　2020 年 11 月 28 日在彰化縣芬園鄉埔茂花市舉行，為期兩天的「雨林蕨饗」植物展覽，由「台灣蕨類與觀葉植物發展協會」主辦。回鹿角蕨圈已經一段時間，知道每次的展覽都有各地廠商與神物參加，加上第二天下午是我的分芽種植課程，便趁此機會前往朝聖。

　　當天最受歡迎的是放滿十八種原生鹿角蕨的牆面，可說是本次展覽最佳網美牆，拍照要排隊，可知受歡迎的程度。人潮絡繹不絕，大都是對植物有興趣的玩家與民眾，另外還有許多知道展覽資訊，攜家帶眷來看熱鬧的朋友。

　　主辦單位相當有心，兩天舉辦兩場鹿角蕨上板手作、一場拆側芽示範、一場分苗示範，場場爆滿，吸引許多民眾參加，沒有報上名額的朋友，也在一旁觀看學習。第二天由我示範的分苗活動，感謝好友黃國源（花草空間農場）全力支持，提供知名鹿角蕨品種「SSFoong」小苗，讓現場每一位手作拆苗的朋友，最後都能帶一棵回去栽培體驗。

　　現場展示的植物多為主辦單位會員提供，網羅目前市場上所有熱門的種類、品種、個體，讓到場的玩家與民眾都能欣賞美麗的植物。其中有許多以葉子計價，一株五片葉子的熱門雨林植物，要價高達六位數，也讓現場民眾驚奇不已！正所謂「內行看門道，外行看熱鬧」，玩家們在這一年一度的大拜拜，除了蒐集購買心儀的植物外，就是彼此交換栽培經驗，以求植物長得更好更美。這次展覽除了讓我學習更多植物知識外，也認識許多植友、鹿友，兩天很快就過去了，同時也開始期待下一次的「雨林蕨饗」展覽。

1 連續三年的展覽都在彰化縣芬園鄉埔茂花市舉辦，為期兩天，吸引全台植物愛好者前來參與。

2 本次的網美牆，以十八個原生鹿角蕨種類陳列展示，是這次展覽的主視覺，吸引所有參加的朋友拍照打卡。

3 大型鹿角蕨是目前庭園造景最受歡迎的單品。由左至右分別是：巨大鹿角蕨與女王鹿角蕨雜交個體、女王鹿角蕨與何其美鹿角蕨雜交個體、蘇拉維西、千手皇冠。

4 搭配各種雨林觀葉植物，森林氛圍渾然天成。

5 鹿角蕨是目前市場最夯的植物之一，現場展示各種由千百棵中挑選出來的特選個體。

6　石蒜科（Amaryllidaceae）植物－布風（*Boophone disticha*（L. f.）Herb.）有「太閤秀吉」的別稱，
　　扇葉外觀讓許多人看過後印象深刻！

7　各種天南星科的觀葉植物也是本次展覽的重點。

8　一科、一屬、一生只有兩片葉子的百歲蘭（*Welwitschia mirabilis* Hook. f.）（二葉樹），原產於沙漠
　　環境，是非常特殊的觀葉植物。

9　石蒜科的藍孤挺花（*Worsleya rayneri*（Lem.）Traub），花期未到，觀葉也非常合宜。

後 記 與 致 謝

出生地點是台北市中心，家裡為日式木造住宅，有著前庭後院。自有記憶開始，跟著照顧我的奶媽在前院幫忙澆花，後院種菜（其實是搗亂）、拔草、插苗這些事。每月初一、十五跟隨祖母去拜拜，必買的是玉蘭花。後來才發現家裡院子就種著一棵，但同學不相信，還特別在開花時剪了一朵去學校以茲證明。國小看見含羞草就像發現寶藏，看著被觸碰的葉子依序合起來，這可是向同學炫耀的經驗呢！

出社會開始工作，女友生日送的玫瑰花、好友成立公司的造景盆栽、長輩告別式成排的花籃花圈，人的一生和植物有絕對的關係。從小到大，兒時喝的豆漿、吃的馬鈴薯泥、蘋果泥；到卡通大力水手吃的菠菜、家中的木質窗框與搖搖椅、陽台的景觀盆栽、公園裡可用來當飛鏢的水黃皮果實；到高級車上的核桃木紋飾板、觀光工廠可以購買材料自己動手做原木筆、好友家中昂貴的檜木家具——或許小時候確實接觸過不少植物，但真正認識植物是由玩昆蟲開始。為了找尋喜愛的獨角仙、鍬形蟲，必須努力認識白雞油（櫸木）、青剛櫟、火燒栲，從葉子形狀、樹的外觀、樹皮紋路，每一部分都必須牢牢記在心中。

再來就是迷上原生蘭，一路追尋隱藏各地的蘭花種類，初期對於蘭花完全不懂，經過一段時間拍攝不少原生蘭照片，在「塔內植物園」原生蘭版發觀察文，卻因為不懂蘭花構造被網友狂打臉。原來蘭花的花朵是由三花瓣、兩顎片、一唇瓣、一柱頭等構造所組成，雖然臉被打腫，但也因此了解學無止境，除了努力跑野外學習植物相關知識，開始在世界各地森林紀錄不同的植物原生照片，並以有特別生態行為的植物為主要觀察標的；同時陽台被我改造成適合種植雨林植物的空間，除了收集各種觀葉植物外，更將種植的主力放在具有垂墜觀賞氣質的石松，收集到非常多的種類。

十年後因為鹿角蕨再回到植物坑，重新開始栽培植物，並以不同的光照與環境當作實驗，測試植物生長與外觀的變化，將近一年的經驗值也完全揭露在本書中，期望大家都能因為欣賞植物、觀察植物、栽培植物，打開人生另一個視野，也能因此對於環境與生態有更多的認識。

走在觀察、玩賞植物這條路上，要感謝的朋友非常多，首先感謝國立屏東科技大學森林系助理教授楊智凱老師為本書內容資料審訂把關；感謝農委會特有生物保育中心各項調查研究與協助；好友劉正凱先生當年送的一根附生蘭，開啟我對原生蘭的興趣；我的蘭花啟蒙者是知名的貝殼玩家李昭慶先生，當年與台灣原生蘭書籍作者林維明先生、野生蘭愛好者張良如先生，時常一起探訪自然，找尋各種植物的倩影；2009 年在婆羅洲雨林和雨林植物達人夏洛特、婆羅洲雨林探險家 Amos Yu、摯友雨林植物愛好者陳昆煜一同找尋傳說中的聖盃，開啟另一種觀察植物的眼界！但對於各種雨林植物與博物學啟蒙則是台灣竹節蟲一書的作者黃世富先生，每次跟他田野調查，總能像醍醐灌頂般得到啟發，他對於各種博物知識如數家珍，我的記憶庫總是滿了又滿！對黃世富先生有無盡的感謝。曾一起踏訪森林找尋植物、栽培植物的好友：沈啟東先生、李汪玲小姐、林世雄先生、林信安先生、林翰羽先生、侯朝卿先生、張瑞哲先生、楊守義先生、黃一峯先生、黃東台先生、鈴木 成長先生（Suzuki Shigetake）、廖智安先生、鐘云均小姐、鍾志俊先生、蘇自敏先生（Jonhson Sau）、北台大蘭園林錫村先生、花草空間農場黃國源先生、iloveferns.com 的 Wanna Pinijpaitoon 小姐，感謝慷慨授權使用珍貴原生態照片的游崇瑋先生、莊貴竣先生、Fish Wu 老師，在此一併致謝。生命中最重要的貴人劉旺財先生與廖碧玉賢伉儷時時刻刻給我需要的支持；三立《上山下海過一夜》主持夥伴與劇組，及最親愛的家人母親曾秋玉女士、內人學儀、兒子于哲，謝謝您們對我全力支持！

每一種植物都是森林最珍貴的組成，都有存在的必要，並非只有高價值的樹木對環境才有意義，對於世界因開發破壞受創嚴重的大地，我們更應該讓它保留現狀或恢復原狀，只可惜大部分人並非這樣認為，如果想要世世代代子孫都能親眼見到書中介紹的各種植物，我們現在就該發揮各自的影響力，一起保護森林。若是您也能以維護森林原貌的角度來看待自然環境，相信地球的樣貌會變得更美好。

對於本書有任何建議或指導，歡迎您與我聯絡，隨時發訊息給我。我的 E-mail 是：shijak0526@gmail.com；也可在網路上搜尋「熱血阿傑」、「熱血種植物」或「shijak0526」，即可找到我的臉書粉專與 Instagram。謝謝！

帕塔拉・桑達努（2019）鹿角蕨與它們的產地。汪育個人出版。

夏洛特（2007）食蟲植物觀賞與栽培圖鑑。台北：商周。

夏洛特（2009）我的雨林花園。台北：商周。

夏洛特（2009）雨林植物觀賞與栽培圖鑑。台北：商周。

胖胖樹　王瑞閔（2018）看不見的雨林——福爾摩沙雨林植物誌。台北：麥浩斯。

郭城孟（2020）蕨類觀察圖鑑 1：基礎常見篇。台北：遠流。

郭城孟（2020）蕨類觀察圖鑑 2：進階珍稀篇。台北：遠流。

Ralf Knapp，洪信介，許天銓，陳正為（2019）台灣原生植物全圖鑑第八卷（下）：蕨類與石松類 蹄蓋蕨科——水龍骨科。台北：貓頭鷹。

国立科学博物館 （2008） 南太平洋のシダ植物図鑑。日本：東海大學出版協會

Barthlott W., J. Szarzynski, P. Vlek, W. Lobin and N. Korotkova (2009) A torch in the rain forest: thermogenesis of the Titan arum (*Amorphophallus titanum*). Plant Biology 11(4): 499-505.

Korotkova N. and W. Barthlott (2009) On the thermogenesis of the Titan arum (*Amorphophallus titanum*). Plant Signaling & Behavior 4(11): 1096–1098.

Kiew R., J. Sang, R. Repin and J.A. Ahmad（2015）A Guide to *Begonias* of Borneo. Natural History Publications: Borneo.

Lee C.C. and C. Clarke（2004）A Pocket Guide: Pitcher Plants of Sarawak. Natural History Publications.

Phillipps A., A. Lamb and C.C. Lee（2008）Pitcher Plants of Borneo. Natural History Publications.

Phillipps A., A. Lamb, A. George and S. Collenette（1998）*Rhododendrons* of Sabah. Natural History Publications.

Salleh K.M.（2007）*Rafflesia*: Magnificent Flower of Sabah. Natural History Publications.

OUTDOOR

16

植物日記簿：熱血阿傑的觀察與培植筆記

作者	黃仕傑
企劃選書	辜雅穗
特約編輯	鄭兆婷
總編輯	辜雅穗
總經理	黃淑貞
發行人	何飛鵬
法律顧問	台英國際商務法律事務所　羅明通律師
出版	紅樹林出版
	台北市南港區昆陽街 16 號 4 樓
	電話：(02)25007008　傳真：(02)25002648
發行	英屬蓋曼群島商家庭傳媒股份有限公司城邦分公司
	台北市南港區昆陽街 16 號 5 樓
	書虫客服服務專線：(02)25007718・(02)25007719
	24 小時傳真服務：(02)25001990・(02)25001991
	服務時間：週一至週五 09:30-12:00・13:30-17:00
	劃撥帳號：19863813　戶名：書虫股份有限公司
	讀者服務信箱 email：service@readingclub.com.tw
	城邦讀書花園：www.cite.com.tw
香港發行所	城邦（香港）出版集團有限公司
	地址：香港灣仔駱克道 193 號東超商業中心 1 樓
	電話：(852)25086231　傳真：(852)25789337
	email：hkcite@biznetvigator.com
馬新發行所	城邦（馬新）出版集團 Cité(M) Sdn.Bhd.
	41, Jalan Radin Anum, Bandar Baru Sri Petaling,
	57000 Kuala Lumpur, Malaysia.
	email：cite@cite.com.my
	電話：(603) 90578822　傳真：(603) 90576622
封面設計	mollychang.cagw.
內頁設計	葉若蒂
印刷	卡樂彩色製版印刷有限公司
經銷商	聯合發行股份有限公司
	電話：(02)29178022　傳真：(02)29110053

2021 年（民 110）8 月初版　Printd in Taiwan
2024 年（民 113）7 月初版 3.2 刷
定價 580 元　ISBN 978-986-06810-0-0

城邦讀書花園 **www.cite.com.tw**

國家圖書館出版品預行編目 (CIP) 資料

植物日記簿 / 黃仕傑著 . -- 初版 . -- 臺北市：紅樹林出版：英屬蓋曼群島商家庭傳媒
股份有限公司城邦分公司發行 , 民 110.08　240 面；14.8x21 公分 . -- (Go outdoor；
1FO016)
ISBN 978-986-06810-0-0(精裝)

1. 園藝學 2. 觀賞植物 3. 庭園設計

435.11　　　　　　　　　　　　　　　　　110010511